AU BONHEUR DES MATHS

Cycle 2 – Niveau 2

Méthode pour les élèves en difficultés scolaires

Jediel Gonçalves

Enseignant en IME

© 2021, Jediel Gonçalves

Éditions BoD – Books on Demand,

12 / 14 Rond-Point des Champs Elysées, 75008, Paris

Impression : BoD- Books on Demand, Allemagne

ISBN : 9782322201440

Dépôt légal : Avril 2021

AVANT-PROPOS

Cet ouvrage propose aux élèves en difficultés scolaires des apprentissages sous forme de situations de manipulation : le calcul et la numération, l'organisation spatiale, la géométrie, les grandeurs et mesures, les situations-problèmes.

Dans chacun des exercices, l'élève a l'opportunité de développer des stratégies de compréhension et de production d'écrits mathématiques diversifiés et de participer à la gestion de ses apprentissages.

L'élève peut faire et refaire, revenir en arrière, procéder par essais. Le but est de lui montrer que sa réussite ne dépend pas d'une quantification de « bonnes » ou de « mauvaises réponses », mais bien de le préparer à une qualification de réussites visibles et évaluables.

Cette méthode fait découvrir et utiliser – mentalement ou par écrit – les procédés de calculs les mieux adaptés aux nombres étudiés et aux opérations à effectuer, et parmi ces procédés figurent les techniques opératoires usuelles.

Notre but est de fournir à l'élève qui est en difficulté – à travers les situations, les exercices et les problèmes – des outils d'appropriation et de structuration du savoir.

L'organisation très structurée de cette méthode permet de prendre en compte les difficultés des élèves en leur proposant des schémas de progressions en rapport avec le *socle commun de connaissances de compétences et de culture*. Les exercices sont programmés par l'enseignant au fur et à mesure des points abordés en classe.

Dans un premier temps, l'élève expérimente librement le matériel, puis des problèmes lui sont posés. En ce sens, *Au Bonheur des Maths* fait découvrir des apprentissages liés à des expériences concrètes et visuelles de l'élève.

À travers des temps forts et cohérents sous forme d'unités d'apprentissages, cet ouvrage permet à l'élève d'être confronté à un domaine précis de connaissances. Grâce à cela, l'élève est encouragé à construire des images mentales et à s'engager dans l'élaboration des concepts clés. À partir de ces images mentales, l'élève peut vivre des situations concrètes, puis accéder à l'abstraction.

Pour apprendre la comptine numérique, par exemple, cette méthode renforce les liens entre les représentations numériques : les nombres, les chiffres, les aliments, les outils, de la monnaie, etc. Le but est de créer des situations d'apprentissages de façon explicite et structurante, en passant par l'observation, la manipulation et l'expérimentation.

Ainsi, l'acquisition de la chaîne numérique se fait-elle en deux temps. Premièrement, l'élève apprend par code verbal. Il commence par réciter : vingt, vingt-et-un, vingt-deux, vingt-trois… Puis, l'élève perçoit et applique les lois de compositions linguistiques basées sur la numération décimale. Deuxièmement, lors de la phase de transfert, l'élève passe de la récitation à la succession ou modélisation : il comprend que chaque terme de la numération désigne une unité séparée qui permet de donner et d'obtenir des informations.

Au plan pédagogique, les exercices ont été conçus de manière à solliciter l'élève à faire usage des nombres régulièrement et de façon progressive, dans des activités variées demandant le comptage et présentant différents aspects du nombre. La découverte de ce « système » apparaît dès l'« ouverture » des unités d'apprentissage. Le système de numération est acquis grâce à la confrontation aux nombres dans le cadre du dénombrement, de distribution ou de rangement de collections.

En ce qui concerne la gestion des données, la méthode oriente l'élève vers l'autonomie : elle l'accompagne dans le passage de l'anticipation à la planification, puis de la représentation à l'automatisation des procédures. L'élève est soumis à des situations concrètes issues de sa vie quotidienne. Ces situations sont suffisamment riches et engagent l'élève dans une attitude de recherche.

L'auteur

LES NOMBRES DE 0 À 70

① JE COMPLÈTE LES RECTANGLES CI-DESSOUS.

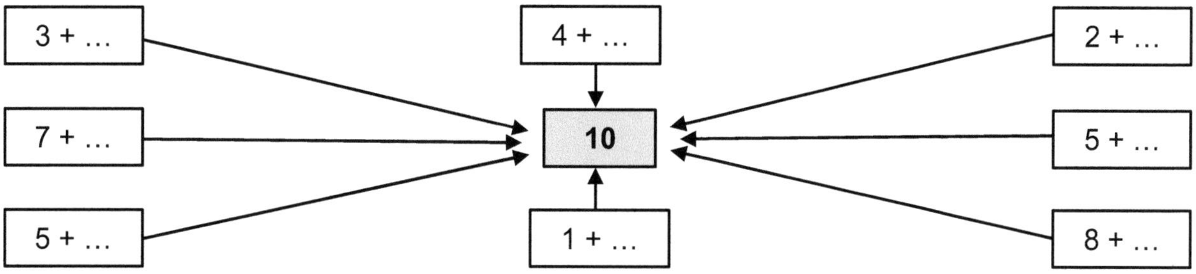

3 + …		4 + …		2 + …
7 + …	→ 10 ←	5 + …
5 + …		1 + …		8 + …

② COMBIEN LA CAISSIÈRE ME REND-ELLE ?

L'article coûte :	Je donne :	La caissière me rend :
 6 €	 10 €	…… €
5 €	10 €	…… €
3 €	10 €	…… €
14 €	20 €	…… €
13 €	20 €	…… €
18 €	20 €	…… €
12 €	20 €	…… €

1

③ JE CALCULE.

- 70 € – 4 € = ...
- 50 € – 10 € = ...
- 40 € – 7 € = ...
- 70 € – 10 € = ...

- 10 € – 5 € = ...
- 40 € – 20 € = ...
- 10 € – 6 € = ...
- 10 € – 2 € = ...

```
    4 9 €          6 8 €          6 5 €
  –   3 €        – 1 6 €        – 1 3 €
  = . . €        = . . €        = . . €
```

④ J'ÉCRIS ET EFFECTUE L'OPÉRATION QUI DONNE LA SOMME D'ARGENT VERSÉE DANS CHAQUE BOÎTE.

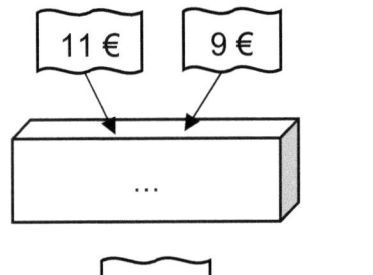
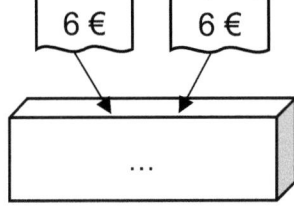
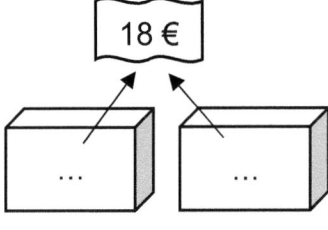
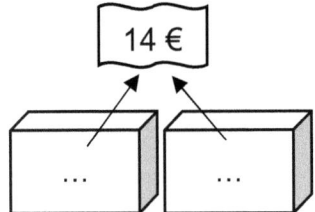
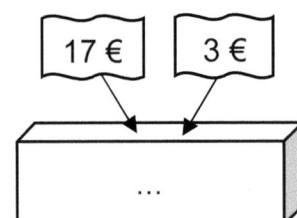
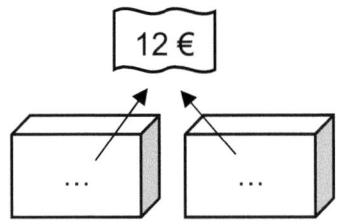

⑤ JE RÉVISE MES TABLES.

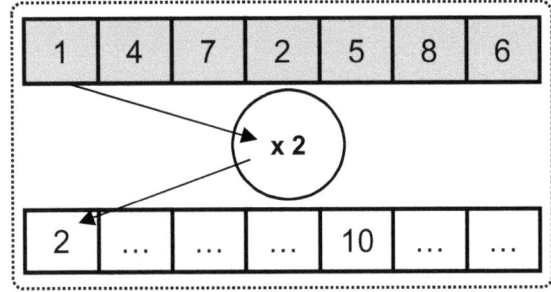
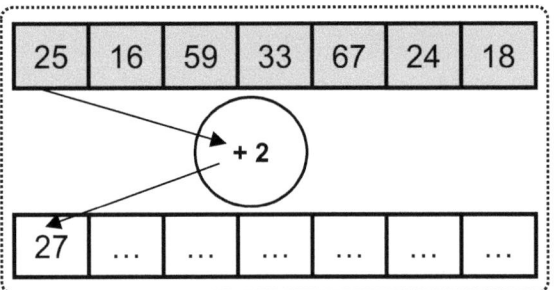
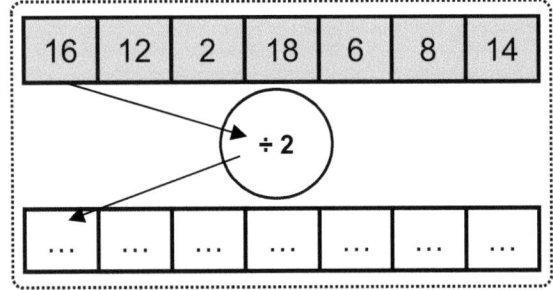
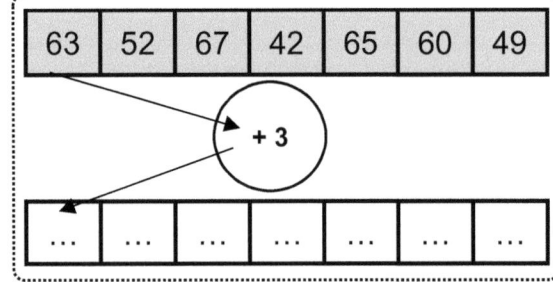

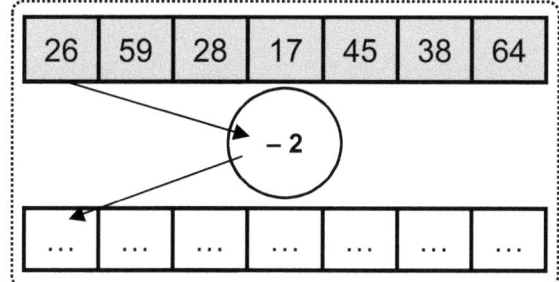
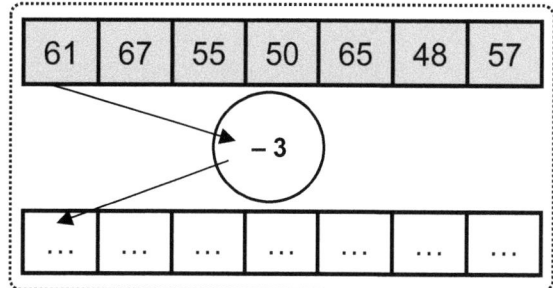

⑥ JE RÉSOUS MENTALEMENT CES OPÉRATIONS.

- 35 – 2 = …
- 38 – 3 = …
- 67 – 2 = …
- 8 x 2 = …

- 10 ÷ 2 = …
- 45 + 3 = …
- 16 ÷ 2 = …
- 6 x 2 = …

- 18 ÷ 2 = …
- 56 + 2 = …
- 4 ÷ 2 = …
- 63 – 3 = …

⑦ JE RÉSOUS CES OPÉRATIONS.

```
   6 9 €         6 7 €         5 8 €
 – 1 5 €       – 2 3 €       – 2 1 €
 = . . €       = . . €       = . . €


   6 7 €         6 9 €         6 6 €
 – 3 1 €       – 1 6 €       – 2 3 €
 = . . €       = . . €       = . . €


   5 7 €         4 8 €         3 9 €
 – 4 1 €       – 1 3 €       – 2 8 €
 = . . €       = . . €       = . . €


   6 5 €         5 4 €         4 3 €
 – 2 1 €       – 4 1 €       – 3 2 €
 = . . €       = . . €       = . . €
```

LE CALENDRIER

① QUEL JOUR VIENT :

a) après mercredi ? ....
b) après vendredi ? ....
c) après dimanche ? ....
d) juste avant jeudi ? ....

② VRAI OU FAUX ?

a) Il y a 7 jours dans une semaine. (......)
b) Le mardi est le troisième jour de la semaine. (......)
c) Dans une semaine, le jeudi est avant le vendredi. (......)
d) Il y a 11 mois dans l'année. (......)

③ JE RÉÉCRIS LES JOURS DE LA SEMAINE DANS LE BON ORDRE.

MERCREDI → 1) Lundi
VENDREDI   2) _____
DIMANCHE   3) _____
LUNDI   4) _____
JEUDI   5) _____
SAMEDI   6) _____
MARDI   7) _____

④ J'ÉCRIS LA LETTRE QUI CORRESPOND À CHAQUE JOUR DE LA SEMAINE COMME DANS LE CALENDRIER.

LUNDI (L)   **M**ARDI ( )   **M**ERCREDI ( )

JEUDI ( )

VENDREDI ( )   **S**AMEDI ( )   **D**IMANCHE ( )

⑤ J'ÉCRIS AUTREMENT LES DATES CI-DESSOUS :

a) 15 / 09 / 2020

b) 18 / 02 / 1995

c) 20 / 11 / 2001

d) 17 / 07 / 2000

e) 23 / 10 / 2005

f) 09 / 01 / 2003

g) 25 / 08 / 2011

⑥ LE MOIS PROCHAIN, JE DÉBUTE UN STAGE EN MAÇONNERIE.

Je travaille quatre mercredis.

JE COMPLÈTE LE TABLEAU CI-DESSOUS AVEC LES DATES DE MON STAGE.

1ᵉʳ mercredi	2ᵉ mercredi	3ᵉ mercredi	4ᵉ mercredi
2 OCTOBRE	... OCTOBRE	... OCTOBRE	... OCTOBRE

+ ____   + ____   + ____

5

L'EURO ET LE BILLET DE 10 €

① JE COMPLÈTE LES CASES MANQUANTES JUSQU'À 69.

0	1	2	3	4	...	...	7	...	...
...	...	12	...	...	...	16	...	...	19
20	...	...	23	...	25	...	...	...	...
...	...	...	...	...	...	36	...	38	...
40	...	42	43	44	45	...	47	...	49
...	51	...	...	...	...	56	...	58	59
60	...	...	63	...	...	...	67	...	69

② JE COMPARE, PUIS JE COCHE LA BONNE RÉPONSE.

28   36

☐ est plus grand que   ☐ est plus petit que   ☐ est égale à

48   32

☐ est plus grand que   ☐ est plus petit que   ☐ est égale à

61   61

☐ est plus grand que   ☐ est plus petit que   ☐ est égale à

43   69

☐ est plus grand que   ☐ est plus petit que   ☐ est égale à

③ J'OBSERVE.

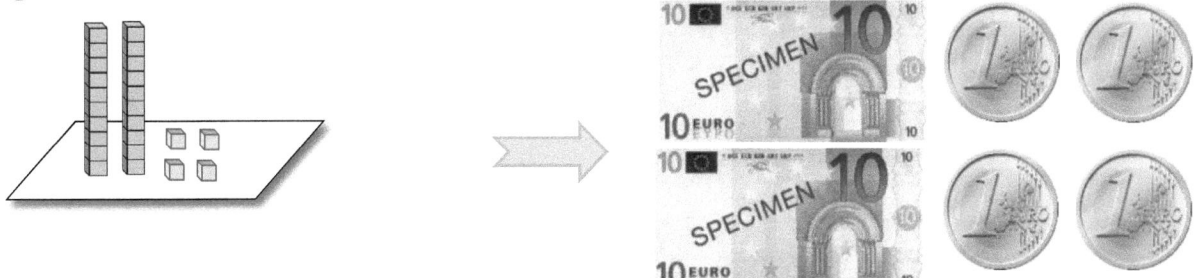

2 dizaines de cubes et 4 cubes.   2 billets de 10 euros et 4 euros.

④ J'EFFECTUE LES OPÉRATIONS SUIVANTES.

D	U	
5	5	€
− 1	2	€
.	.	

D	U	
6	8	€
− 2	6	€
.	.	

D	U	
3	9	€
− 1	1	€
.	.	

D	U	
6	7	€
− 5	3	€
.	.	

D	U	
5	6	€
− 1	3	€
.	.	

D	U	
6	4	€
− 1	0	€
.	.	

D	U	
3	7	€
+ 1	1	€
.	.	

D	U	
5	3	€
+ 1	3	€
.	.	

D	U	
4	6	€
+ 2	2	€
.	.	

D	U	
5	5	€
+ 1	3	€
.	.	

D	U	
4	1	€
+ 1	8	€
.	.	

D	U	
3	5	€
+ 3	2	€
.	.	

⑤ JE RÉSOUS LES PROBLÈMES SUIVANTS.

(A). Michèle achète un petit meuble à **54 €** et une lampe à **11 €**. <u>Combien de billets de 10 € et de pièces de 1 € donnera-t-elle au marchand ?</u>

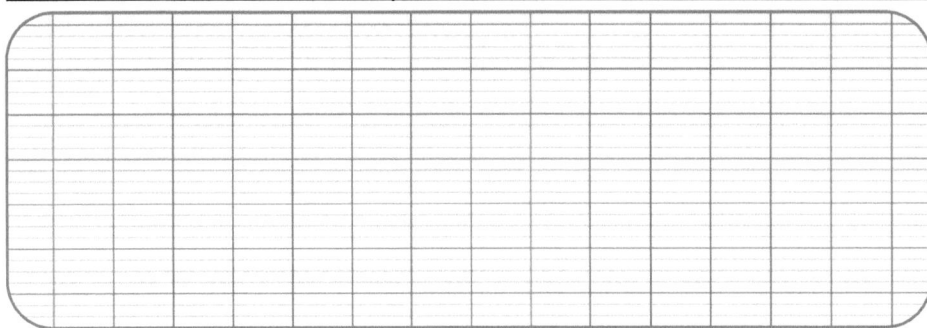 

(B). Éric veut acheter une perceuse qui coûte **10 €**. Il a déjà **2 pièces de 2 €** et **2 pièces de 1 €**. <u>Combien lui manque-t-il pour effectuer cet achat ?</u>

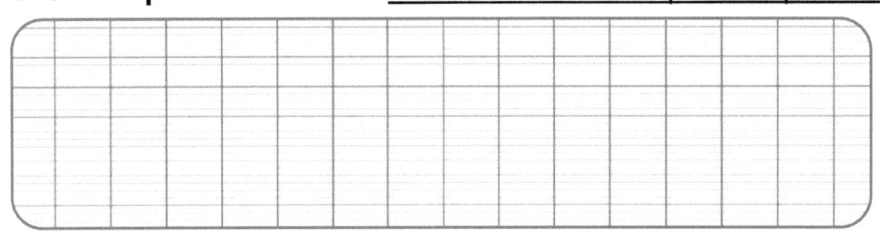 

(C). Au magasin, nous payons :

		On nous rend
36 €	avec **4 billets de 10 €**	... €
27 €	avec **3 billets de 10 €**	... €
16 €	avec **2 billets de 10 €**	... €

(D). Pour payer :

28 €   on donne =   **2 billets de ... €** et **8 pièces de ... €**.

36 €   on donne =   **3 billets de ... €** et **6 pièces de ... €**.

47 €   on donne =   **4 billets de ... €** et **... pièces de 1 €**.

(E). Je complète :

Je paie **10 €** avec ... **billets de 5 €**.

Je paie **10 €** avec ... **pièces de 2 €**.

Je paie **10 €** avec ... **pièces de 1 €**.

L'HEURE

① JE COMPLÈTE LA PHRASE SUIVANTE :

La petite aiguille indique les _____ et la grande aiguille indique les _____.

② QUELLE HEURE CHAQUE HORLOGE INDIQUE-T-ELLE ?

A	B	C	D	E

… h …	… h …	… h …	… h …	… h …

③ JE RELIE.

A	B	C	D	E

Il est 7 heures.   Il est 3 heures.   Il est 8 heures.   Il est 5 heures.   Il est 11 heures.

④ JE DESSINE LES AIGUILLES SUR CHAQUE HORLOGE.

		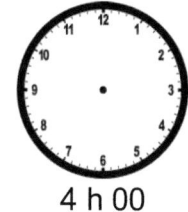		
5 h 00	9 h 00	4 h 00	12 h 00	1 h 00
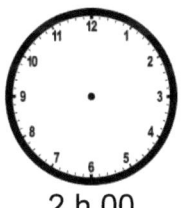	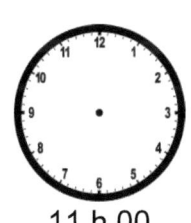	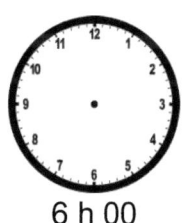	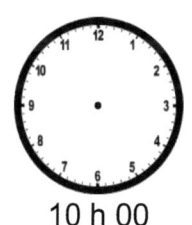	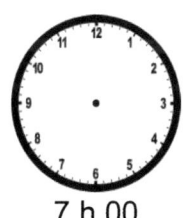
2 h 00	11 h 00	6 h 00	10 h 00	7 h 00

⑤ JE RANGE LES IMAGES DANS L'ORDRE CHRONOLOGIQUE.

⑥ QUELLE HEURE POURRAIT CORRESPONDRE À CHAQUE IMAGE ?

SE REPÉRER DANS L'ESPACE

① JE REGARDE L'IMAGE PUIS JE COMPLÈTE LE TEXTE AVEC LES MOTS SUIVANTS.

- SUR
- À DROITE
- SOUS
- DEVANT
- DANS
- DERRIÈRE
- À GAUCHE

a) Le four microondes est _____ l'étagère.
b) La tarte aux cerises est _____ le four.
c) L'écumoire et la spatule sont _____ la bouilloire.
d) Dans le placard, les tasses sont _____ les assiettes.
e) Le pot à fleurs est _____ du four microondes.
f) La plaque électrique est _____ la bouilloire et la cocotte.
g) Le poisson est _____ des tomates.

② VRAI OU FAUX ?

☐ La passoire est à gauche des bols.
☐ La râpe est à droite de la passoire.
☐ Le pilon est à gauche de la balance.
☐ L'écumoire est à gauche du torchon.
☐ La spatule est à droite du torchon.
☐ La balance est à gauche du pilon.
☐ Les tasses sont à gauche des assiettes.
☐ La planche à bois est à droite de la cafetière.
☐ Le doseur est à droite des poêles.
☐ La cafetière est à gauche des tasses.

L'ALIGNEMENT

① **QUELS TRACÉS SONT RÉUSSIS ?**

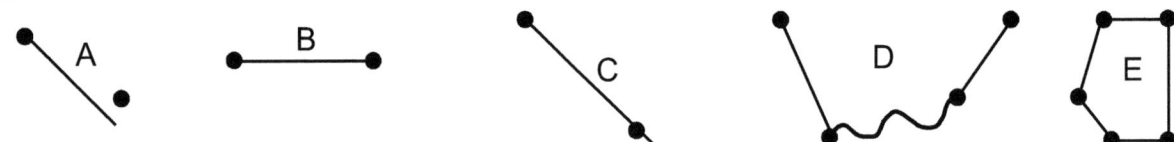

② **JE DESSINE 2 POINTS JAUNES, 2 POINTS BLEUS ET 2 POINTS ORANGES. PUIS JE RELIE LES POINTS DE LA MÊME COULEUR EN UTILISANT LA RÈGLE.**

③ **JE TRACE LES SEGMENTS POUR RELIER TOUS LES POINTS ET FORMER UN DESSIN.**

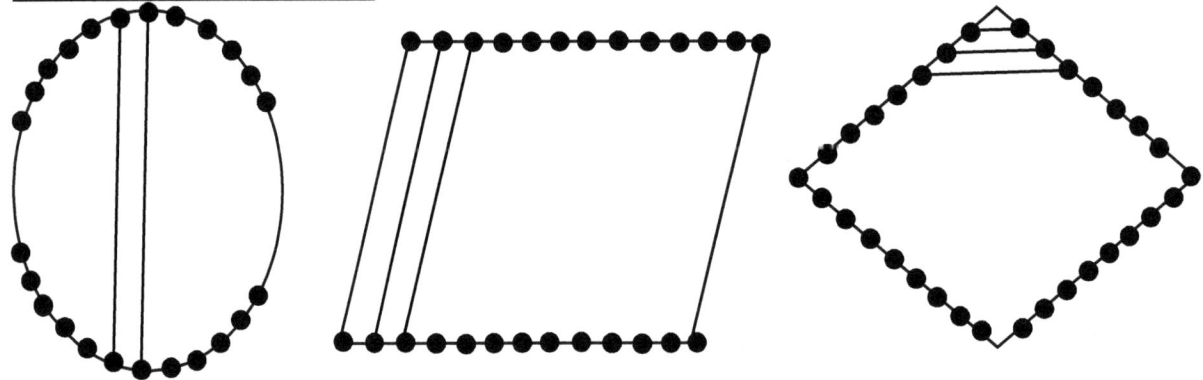

④ **JE DESSINE AVEC UNE RÈGLE LES DOSSIERS DES BANCS.**

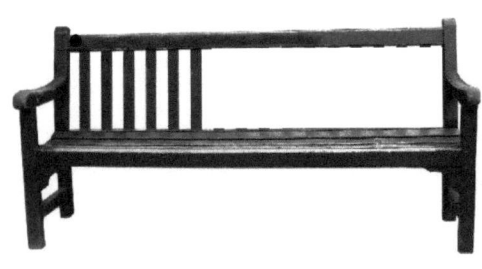

LES NOMBRES JUSQU'À 80

① J'ÉCRIS LA SUITE DES NOMBRES SUIVANTS.

De 69 à 79 : ....

....

De 65 à 75 : ....

....

De 53 à 73 : ....

....

De 62 à 72 : ....

....

② JE COMPTE, PUIS J'ADDITIONNE.

[…] + […] + […] + […] + […] + […] + […] + […] = […]

En tout, il y a _____ cœurs.

③ JE CHOISIS LA BONNE ÉTIQUETTE POUR ÉCRIRE LE NOMBRE.

soixante-dix-huit	6 018	78	60 108	68
soixante-quinze	65	6 015	75	60 105
soixante-trois	6 013	63	60 103	73
soixante-et-onze	61	60 101	71	60 011

④ J'ÉCRIS 3 NOMBRES EN UTILISANT LES MOTS SUIVANTS :

dix   soixante   neuf

....

⑤ J'ÉCRIS LE NOMBRE DE CHAQUE DEVINETTE.

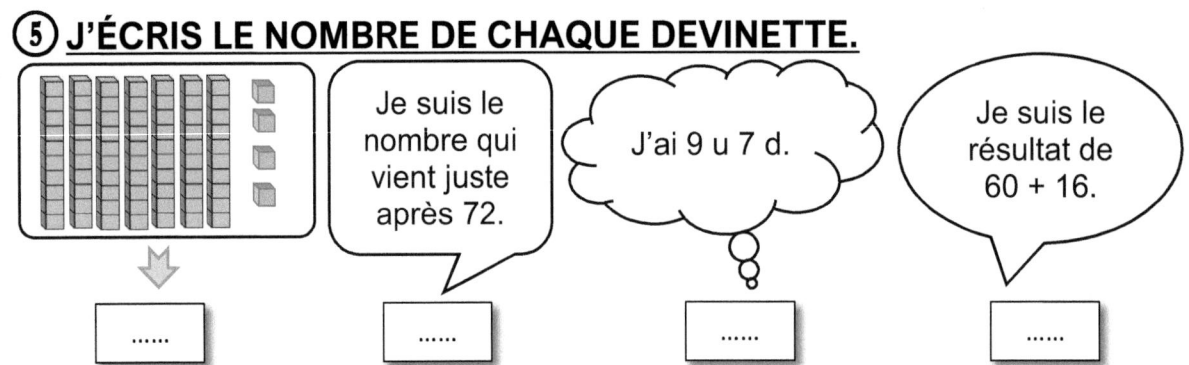

⑥ JE RÉSOUS LES PROBLÈMES SUIVANTS.

a) Combien ont coûté ces livres ?

b) Quel est le poids du chien de Caroline ?

c) Au cours d'une compétition sportive au collège, on range les élèves sur le stade **par équipes de 10**. On obtient **7 équipes** et il reste alors **6 élèves**. <u>Combien de collégiens y a-t-il sur le stade ?</u>

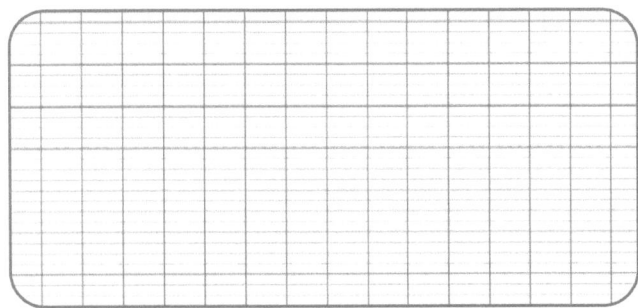

LES NOMBRES JUSQU'À 90

① J'ÉCRIS LA SUITE DES NOMBRES SUIVANTS.

De 79 à 89 : ………………………………………………………………………………………
………………………………………………………………………………………………………

De 76 à 86 : ………………………………………………………………………………………
………………………………………………………………………………………………………

De 77 à 87 : ………………………………………………………………………………………
………………………………………………………………………………………………………

② JE COMPTE LE NOMBRE D'ARTICLES.

1 pack équivaut à **une dizaine**.

③ JE CHOISIS LA BONNE ÉTIQUETTE POUR ÉCRIRE LE NOMBRE.

quatre-vingt-sept	8 007	78	4 20 7	87
soixante-dix-neuf	69	60 19	79	60 109
quatre-vingt-quatre	804	24	4 20 4	84
quatre-vingt-un	81	4 20 1	71	421
quatre-vingt-six	8 016	26	4 20 6	86
quatre-vingt-neuf	89	4 20 9	79	429

④ J'ÉCRIS LES NOMBRES EN UTILISANT LES MOTS SUIVANTS :

| vingt | quatre | six | cinq |

………………………………………………………………………………………

………………………………………………………………………………………

………………………………………………………………………………………

⑤ JE TROUVE LE NOMBRE POUR CES DEVINETTES.

a) Je viens juste après 70 + 9. Qui suis-je ? …

b) Je suis le nombre qui vient juste avant 88. Qui suis-je ? …

c) J'ai 3 unités et 8 dizaines. Qui suis-je ? …

d) Je suis plus grand que 84 et plus petit que 86. Qui suis-je ? …

e) Je suis plus grand que 70, mon chiffre des dizaines est le double de celui des unités. Qui suis-je ? …

f) J'appartiens à la famille 80. Mon chiffre des dizaines est le même que celui des unités. Mon nom s'écrit avec 3 mots. Qui suis-je ? …

⑥ J'ÉCRIS COMBIEN D'ŒUFS IL Y A EN TOUT.

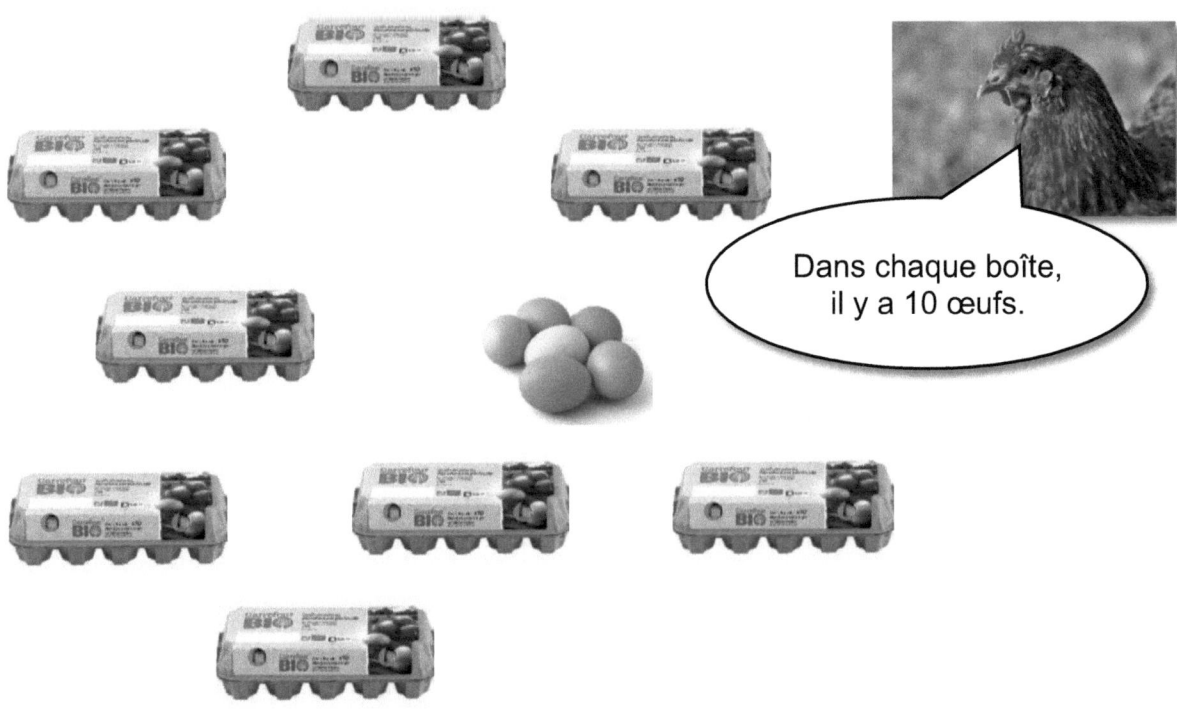

Dans chaque boîte, il y a 10 œufs.

COMPARER ET RANGER DES LONGUEURS

① QUI EST LE PLUS GRAND DANS LA RÉALITÉ ? J'ENTOURE.

Une vache
Une girafe

Une voiture
Une niche

Un coq
Un poulailler

② J'INDIQUE QUEL SEGMENT EST LE PLUS COURT.

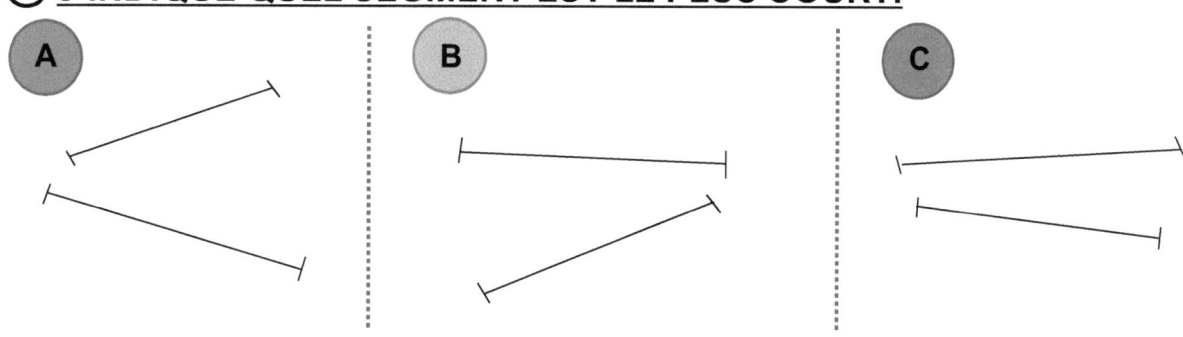

③ QUELLES CORDES SONT DE LA MÊME LONGUEUR ?

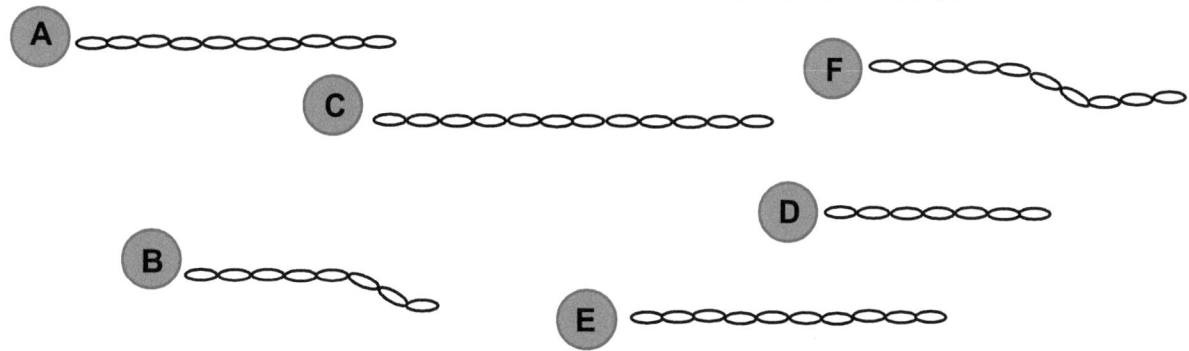

④ JE COLORIE EN VERT LES BANDES QUI SONT PLUS GRANDE QUE LA BANDE NOIRE.

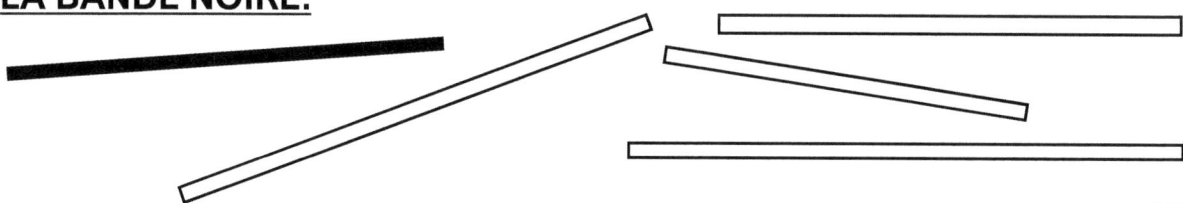

L'ADDITION DE 2 NOMBRES (AVEC RETENUE)

① J'ÉCRIS LA SUITE DES NOMBRES SUIVANTS.

(A). Fiona a **34 ans de moins** que son père qui est **âgé de 38 ans**. <u>Quel est l'âge de Fiona ?</u>

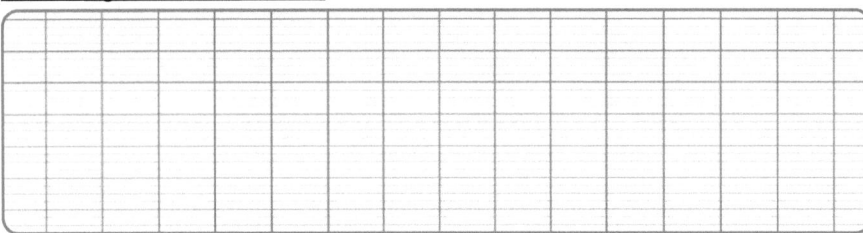

(B). Un TGV au départ de Marseille est composé de **4 wagons pour Nice** et de **6 wagons à destination de Toulon**. <u>Quel est le nombre total de wagons de ce TGV ?</u>

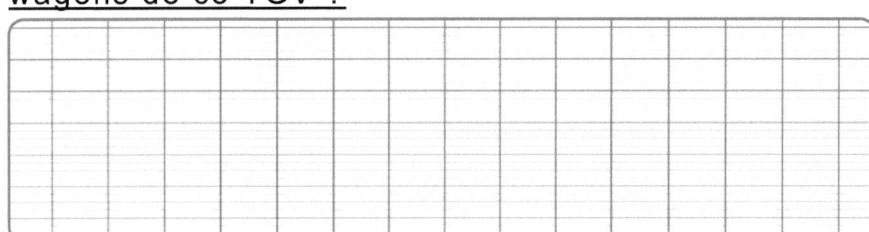

(C). Sur la piste d'un très grand aéroport, **8 avions** atterrissent, suivis de **7 autres**. <u>Combien d'avions ont alors atterri ?</u>

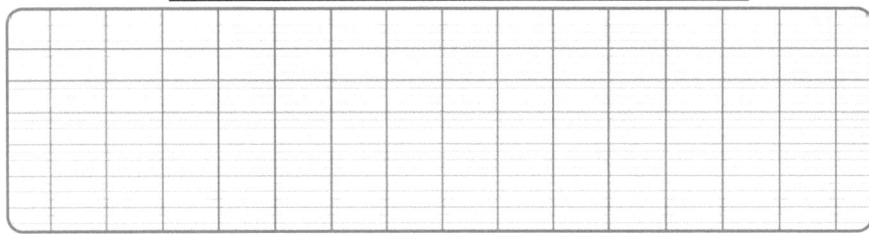

(D). Pour l'anniversaire de sa grand-mère, Déborah lui offre un bouquet de fleurs composé de **5 roses rouges** et de **7 roses blanches**. <u>De combien de roses ce bouquet est-il composé ?</u>

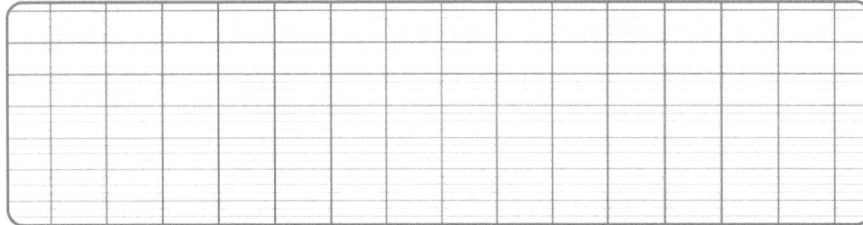

② J'OBSERVE ET J'APPRENDS.

DES CUBES

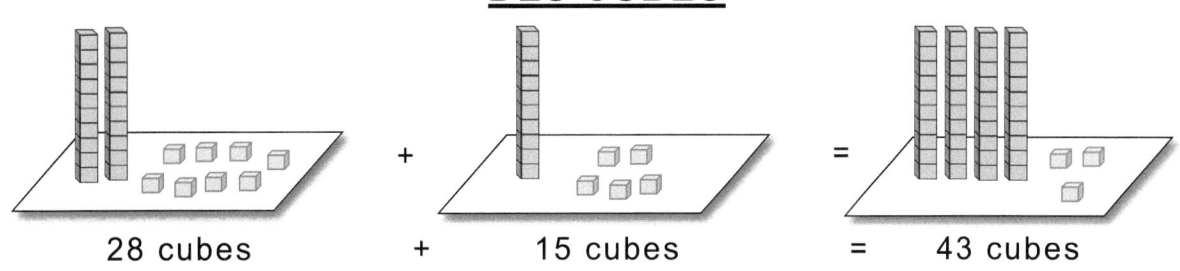

28 cubes + 15 cubes = 43 cubes

Je réunis les cubes séparés : **8 + 5 = 13 cubes** en **1 dizaine et 3 cubes**.

Je réunis les dizaines : **4 dizaines**.

J'obtiens **43 cubes**.

• J'écris :

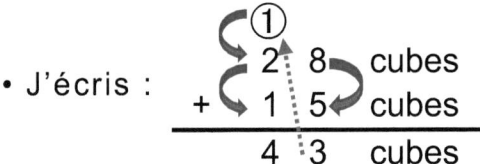

1ère étape :
Je compte : **8 + 5 = 13**
Je pose **3** et je retiens **1**.

2e étape :
Je calcule les dizaines : **1 + 2 + 1 = 4**

Réponse : **43 cubes**

DES EUROS

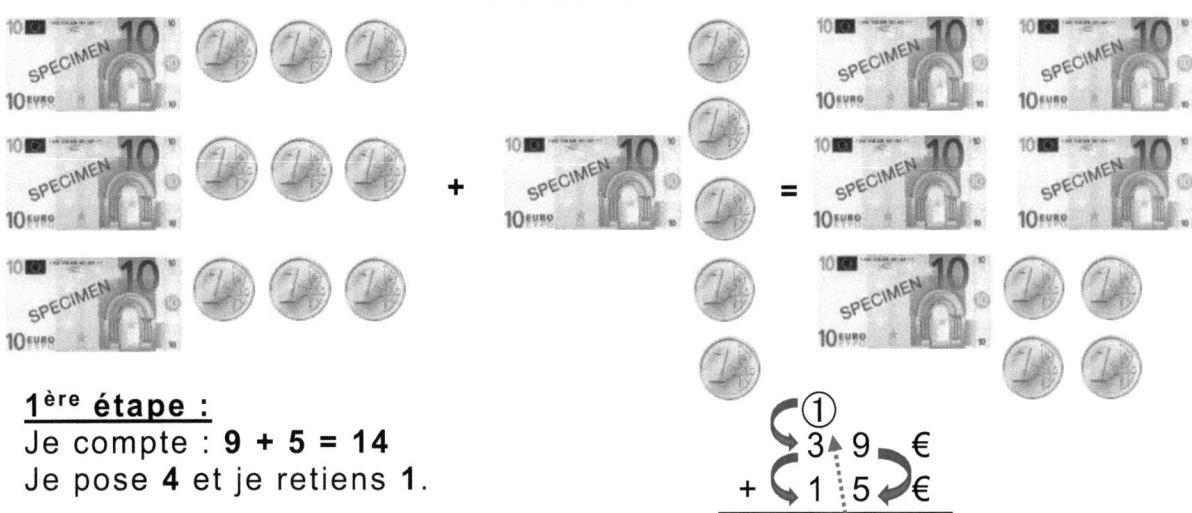

1ère étape :
Je compte : **9 + 5 = 14**
Je pose **4** et je retiens **1**.

2e étape :
Je calcule les dizaines : **1 + 3 + 1 = 5**

Réponse : **54 euros**

| 39 euros | + | 15 euros | = | 54 euros |

③ JE RÉSOUS LES PROBLÈMES SUIVANTS.

(A). La Direction d'un collège réunit les **27 élèves** de 3ème et les **25 élèves** de 4ème. <u>Combien a-t-on réuni d'élèves ?</u>

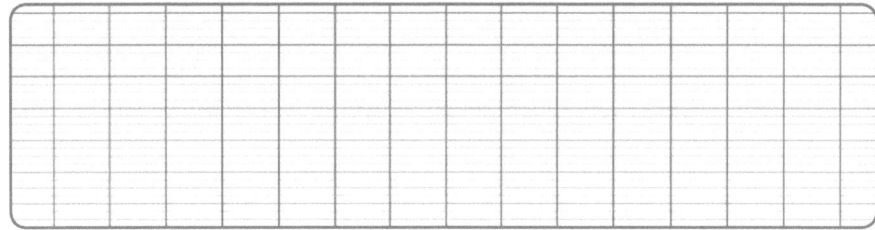 

(B). Lors d'un tournoi sportif, Marine a couru **28 minutes**, soit **19 minutes de moins** que Tim. <u>Combien de temps Tim a-t-il couru ?</u>

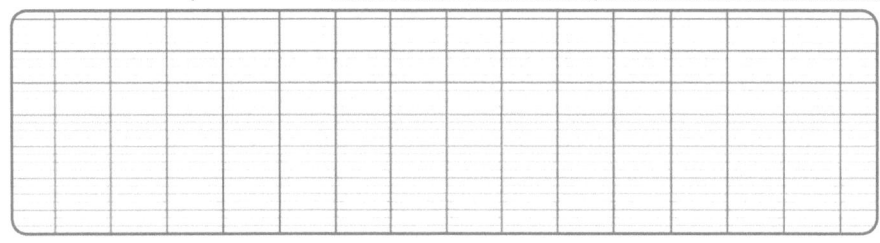 

(C). Ludivine est âgée de **14 ans**. Sa mère a **29 ans de plus** qu'elle. <u>Quel est l'âge de sa mère ?</u>

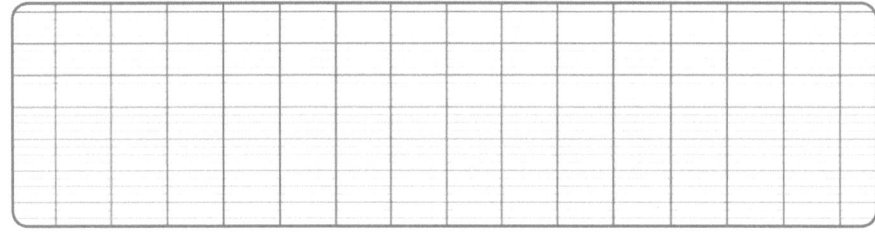 

(D). Un jardinier pensait commander **56 sacs de terreau** dans une pépinière, mais il en demande finalement **18 de plus**. <u>Combien de sacs de terreau commande-t-il ?</u>

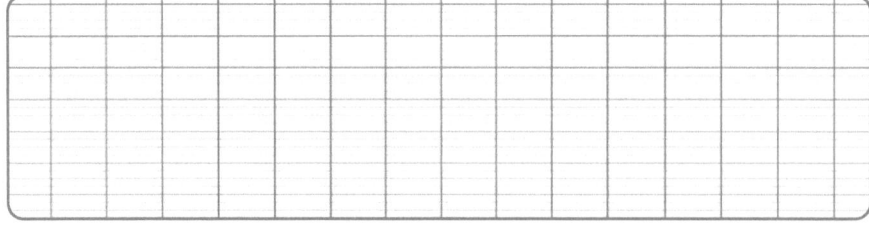 

(E). J'ai **36 €**, puis je gagne **17 €**. <u>Combien ai-je maintenant ?</u>

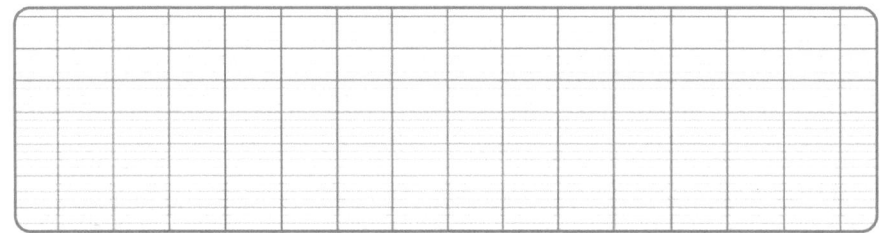 

④ J'EFFECTUE LES OPÉRATIONS SUIVANTES.

```
   17        37        14        36        27
 + 26      + 13      + 25      + 16      + 24
 ----      ----      ----      ----      ----
  ...       ...       ...       ...       ...

   28        39        39        37        38
 + 13      + 13      + 15      + 15      + 25
 ----      ----      ----      ----      ----
  ...       ...       ...       ...       ...

   36        26        17        16        26
 + 16      + 15      + 36      + 15      + 19
 ----      ----      ----      ----      ----
  ...       ...       ...       ...       ...

   25        39        46        39        38
 + 47      + 37      + 27      + 31      + 38
 ----      ----      ----      ----      ----
  ...       ...       ...       ...       ...

   45        26        29        38        57
 + 27      + 47      + 49      + 36      + 19
 ----      ----      ----      ----      ----
  ...       ...       ...       ...       ...

   39        49        38        49        47
 + 37      + 18      + 26      + 19      + 14
 ----      ----      ----      ----      ----
  ...       ...       ...       ...       ...

   37        48        47        48        34
 + 29      + 17      + 16      + 14      + 29
 ----      ----      ----      ----      ----
  ...       ...       ...       ...       ...
```

MÈTRE ET CENTIMÈTRE

① JE COMPTE PAR DEUX.

a) de 0 à 60.

0	2			
60				

b) de 1 à 59.

1	3			
				59

② J'OBSERVE ET J'APPRENDS.

Pour mesurer les longueurs, on se sert souvent d'un **mètre (m)**.

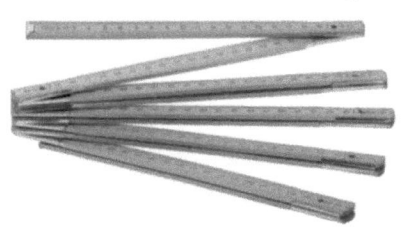  

Mètre pliant en bois   *Mètre ruban de tailleur*   *Mètre ruban ergonomique*

Pour mesurer <u>les grandes longueurs</u> (comme, par exemple, la longueur d'un terrain de foot, d'un champ, etc.), on utilise le **mètre d'arpenteur**.

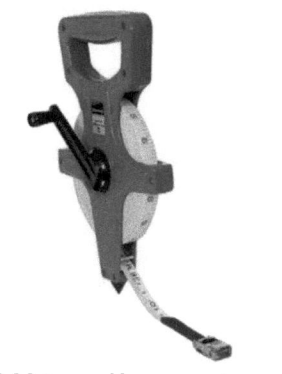

Mètre d'arpenteur

③ RAPPEL.

Pour faire les exercices suivants, je vais devoir me rappeler que :

> 10 *m* = 1 dizaine de *m* = 1 *décamètre* (dam)
> 1 *m* = 1 centaine de *cm* = 100 *centimètres*
> 1 *km* = 1 millier de *m* = 1 000 *mètres*

④ J'ASSOCIE CHAQUE LONGUEUR AVEC LA BONNE MESURE.

a) La longueur d'une voiture.   1) 13 mm

b) La hauteur d'une maison.   2) 8 m

c) La distance séparant deux villes.   3) 4 m

d) La longueur d'un crayon.   4) 12 km

e) La largeur d'une agrafe.   5) 15 cm

⑤ JE RANGE CES LONGUEURS EN ORDRE CROISSANT.

40 m   1 km   32 cm   26 m   58 m

………   ………   ………   ………   ………

⑥ QUELLE UNITÉ EMPLOIES-TU POUR ÉVALUER :
a) La hauteur d'un immeuble de 3 étages ? ……………
b) L'épaisseur d'un carrelage ? ……………
c) La distance entre la Terre et la planète Saturne ? ……………
d) La longueur d'un fleuve ? ……………
e) La longueur d'un terrain de foot ? ……………
f) L'épaisseur d'une pièce de monnaie ? ……………
g) La distance entre Marseille et Paris ? ……………

⑦ QUELLE UNITÉ EMPLOIES-TU POUR ÉVALUER :
a) La hauteur d'un panier de basket ? ……………
b) L'épaisseur d'un matelas ? ……………
c) La distance entre Mercure et le soleil ? ……………
d) La longueur d'une piscine olympique ? ……………
e) L'épaisseur d'un pneu neuf ? ……………
f) La distance entre Marseille et la Corse ? ……………

⑧ JE COMPLÈTE.
a) 4 dizaines de stylos = … stylos
b) 4 *dam* = … *m*
c) 3 *dam* = … *m*
d) 20 boutons = 2 dizaines de boutons
e) 20 *m* = … *dam*
f) 50 *m* = … *dam*
g) 3 dizaines de stylos et 7 stylos = … stylos
h) 3 *dam* et 7 *m* = … *m*
i) 4 *dam* et 5 *m* = … *m*
j) 48 boutons = … dizaines de boutons et … boutons

LES NOMBRES JUSQU'À 99 (1)

① JE COMPTE PAR DEUX.

89	...	...	...	...	99

85	...	...	...	...	95

73	...	...	...	...	...
...	...	...	...	...	93

② JE COMPTE LE NOMBRE D'ARTICLES.

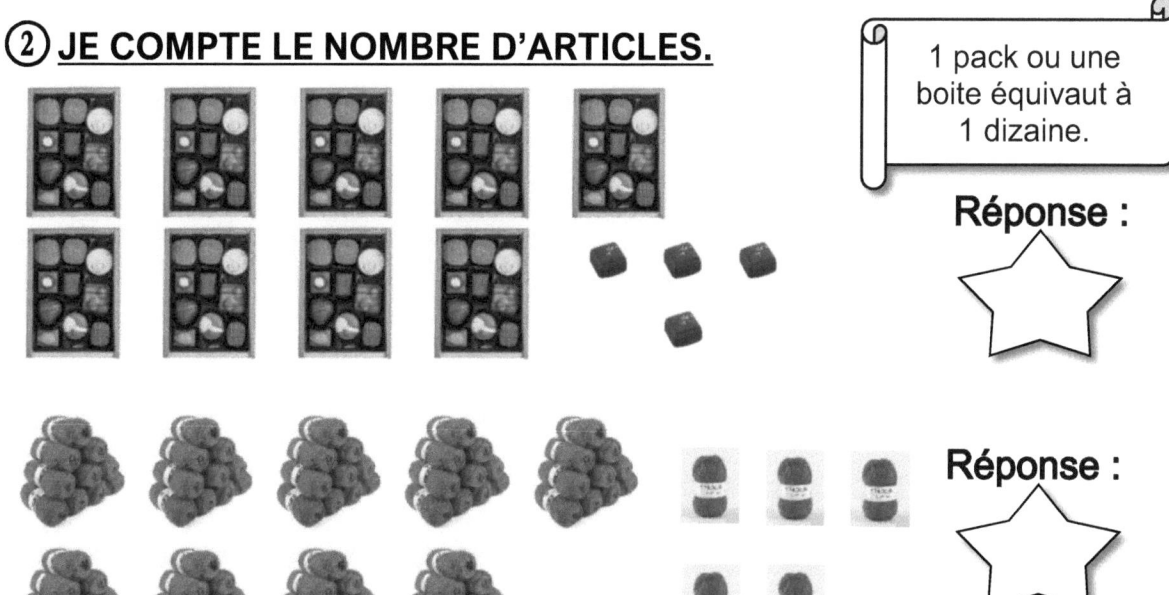

1 pack ou une boite équivaut à 1 dizaine.

Réponse :

Réponse :

③ JE CHOISIS LA BONNE ÉTIQUETTE.

quatre-vingt-seize	8 016	68	42 016	96
quatre-vingt-onze	81	8 011	91	42 011
quatre-vingt-dix-huit	8 018	18	42 018	98

quatre-vingt-dix	80	42 010	90	420 10
quatre-vingt-dix-neuf	8 019	99	4 219	19
quatre-vingt-quinze	85	4 215	95	415

④ J'ÉCRIS LES NOMBRES EN UTILISANT CES MOTS :

| vingt | quatre | huit | dix |

....

....

....

....

....

....

⑤ J'ÉCRIS LE NOMBRE POUR CES DEVINETTES.

a) Je suis plus grand que 92 et plus petit que 94. Qui suis-je ? ...

b) Je suis un nombre pair. Mon chiffre des dizaines est 9. Mon chiffre des unités est plus petit que 4 et plus grand que 0. Qui suis-je ? ...

c) Mon chiffre des unités est 9. Mon nom commence par « quatre-vingt-dix ». Qui suis-je ? ...

d) Je suis un nombre entre 90 et 99. On me trouve en comptant de 5 en 5 en partant de 93. Qui suis-je ? ...

e) Mon chiffre des unités est plus grand que 8. Mon chiffre des dizaines est impair et l'on utilise les mots *quatre*, *vingt* et *dix* pour m'écrire en lettres. Qui suis-je ? ...

⑥ **JE DOIS RANGER 90 COUVERTS DANS UN TIROIR. COMBIEN DE COUVERTS ME RESTE-T-IL ENCORE À RANGER ?**

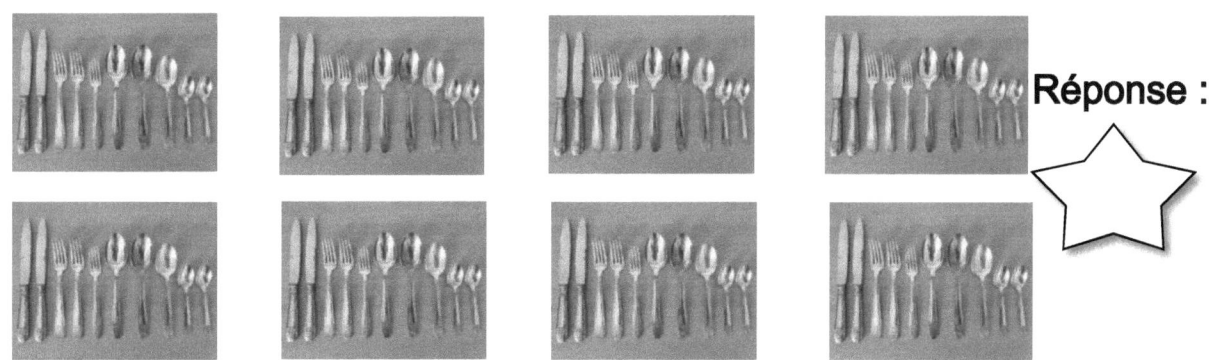

Réponse :

⑦ **JE COLORIE.**

91 – vert foncé
92 – bleu clair
93 – vert clair
94 – marron
95 – jaune
96 – rouge
97 – rose
98 – orange

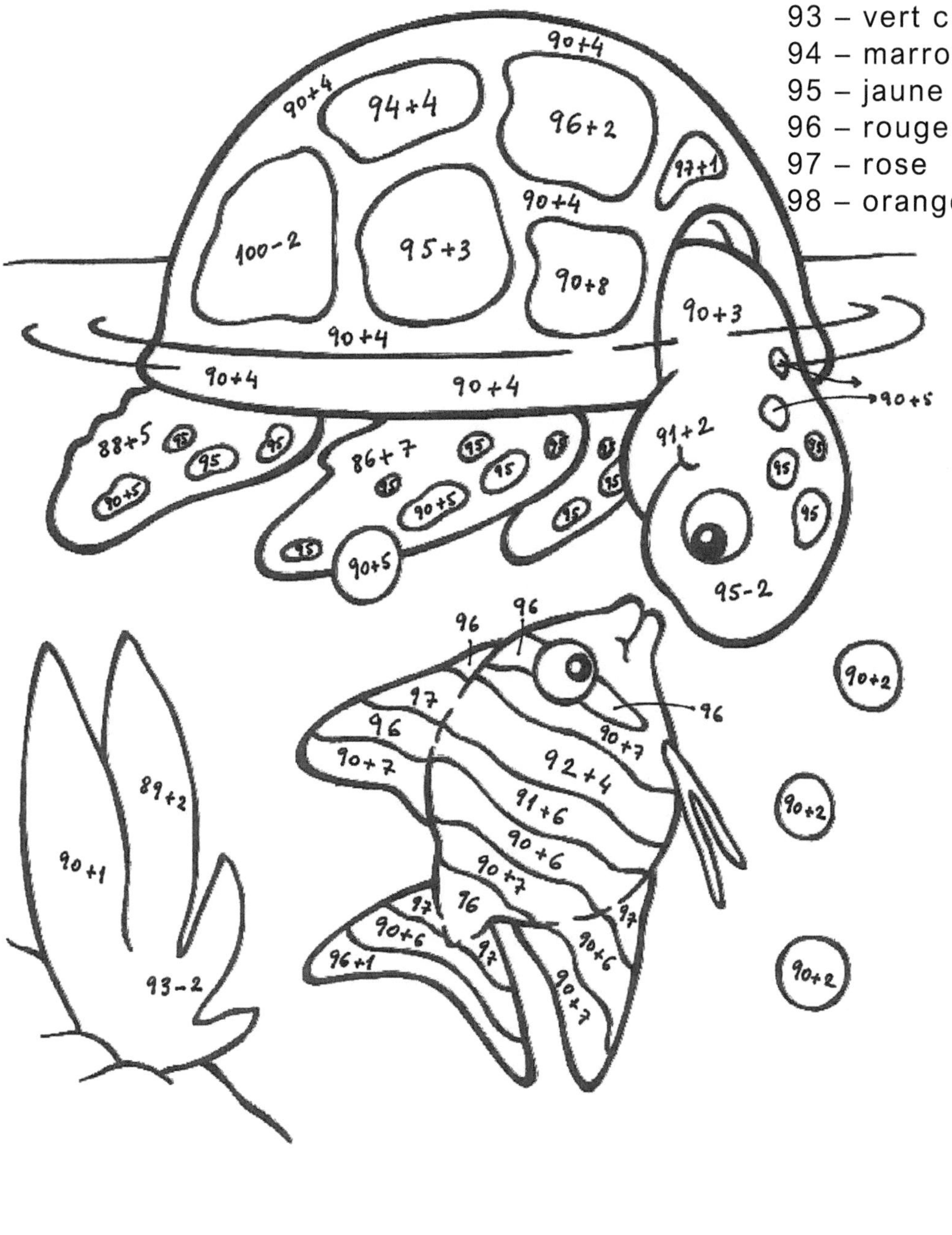

LES NOMBRES JUSQU'À 99 (2)

① JE COMPTE LE NOMBRE D'OBJETS.

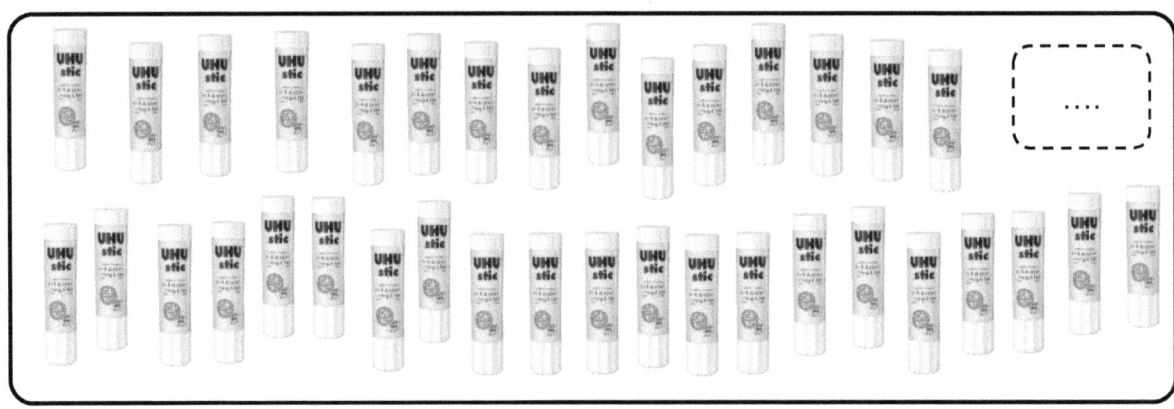

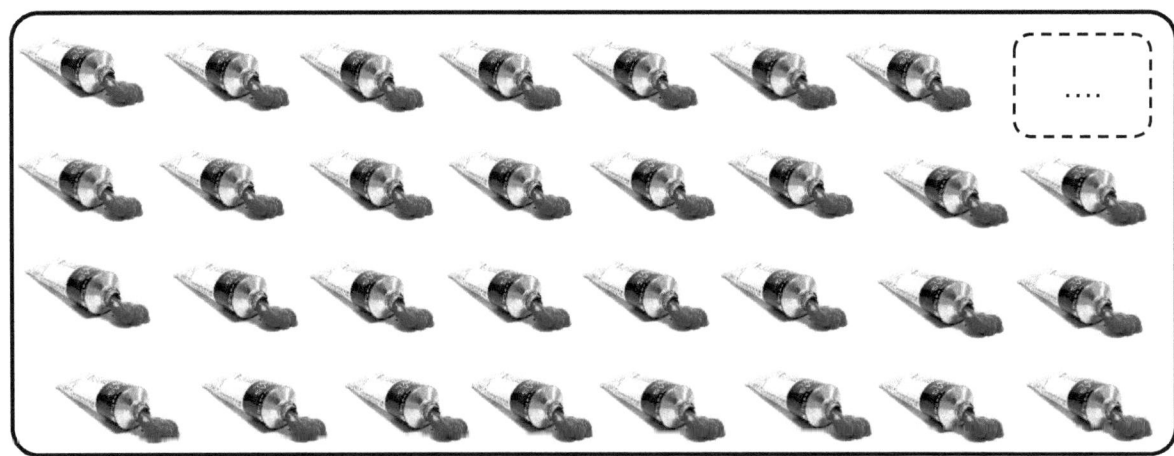

② QUELS PRODUITS PUIS-JE ACHETER ?

J'ai   Que puis-je acheter ?

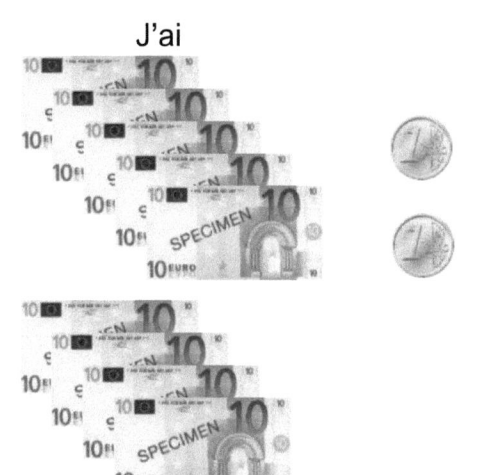

J'ai

Que puis-je acheter ?

○ 92 €

○ 95 €

○ 97 €

③ JE COMPLÈTE AVEC LE SYMBOLE < OU >.

58 < 85   76 ... 79   96 ... 86   57 ... 75

99 ... 93   97 ... 93   91 ... 97   90 ... 89

67 ... 76   84 ... 48   65 ... 56   54 ... 45

99 ... 90   49 ... 36   87 ... 89   81 ... 80

④ JE RANGE LES NOMBRES DU PLUS GRAND AU PLUS PETIT.

| 91 € | 97 € | 88 € | 80 € | 77 € | 65 € | 99 € |

| 99 € | ... | ... | ... | ... | ... | ... |

⑤ JE RÉSOUS LES PROBLÈMES SUIVANTS.

(A). J'ai mis à cuire au four **60 + 16 cookies**. Manon en a mis **70**. <u>Qui a fait le plus de cookies ?</u>

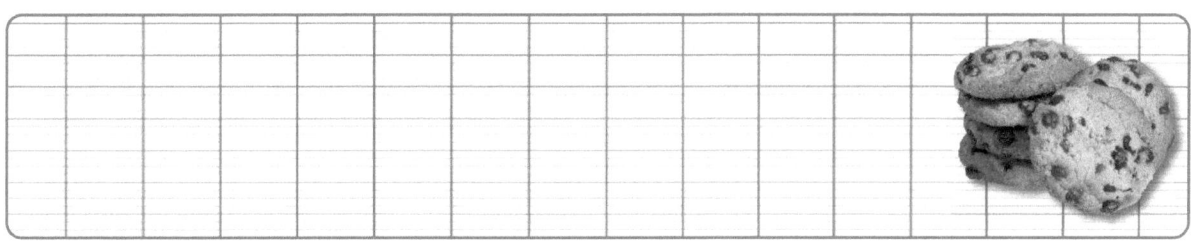

(B). Joachim a ramassé **96 cerises**. Lisa en a ramassé **10 + 10 + 10 + 10 + 10 + 10 + 10 + 10 + 10 + 3**. Nabil en a ramassé **8 u 9 d de cerises**. <u>Qui a ramassé le plus de cerises ?</u>

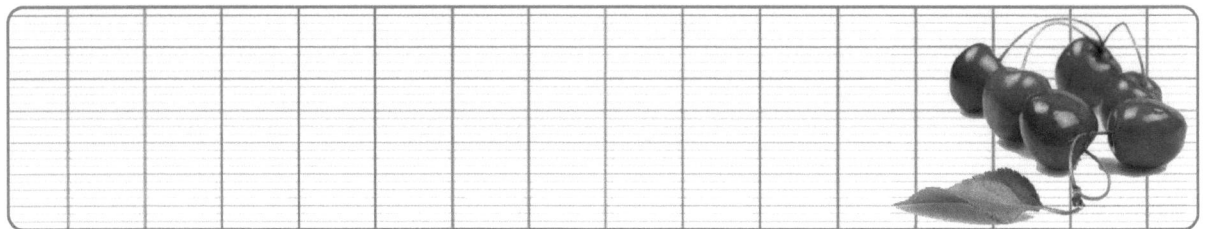

⑥ JE COMPLÈTE AVEC ≠ OU =.

a) 60 + 4 ☐ 30 + 30 + 2 + 2

b) 70 + 13 ☐ 50 + 33

c) 80 + 10 + 3 ☐ 60 + 20 + 1 + 3

d) 90 + 7 ☐ 80 + 10 + 7

e) 60 + 10 + 10 + 10 + 6 ☐ 96

f) 60 + 25 ☐ 10 + 10 + 20 + 20 + 5

g) 60 + 18 ☐ 50 + 10 + 20 + 8

h) 60 + 12 ☐ 30 + 30 + 5 + 5 + 2

i) 60 + 10 + 15 ☐ 80 + 15

j) 60 + 10 + 10 + 9 ☐ 83 + 6

⑤ J'EFFECTUE LES OPÉRATIONS SUIVANTES.

```
   48        19        74        45        72
 + 47      + 79      + 17      + 48      + 18
 ----      ----      ----      ----      ----
  ...       ...       ...       ...       ...


   13        39        39        67        48
 + 79      + 55      + 58      + 28      + 48
 ----      ----      ----      ----      ----
  ...       ...       ...       ...       ...
```

MULTIPLIER PAR 2 (AVEC RETENUE)

① JE RÉVISE LA TABLE DE MULTIPLICATION PAR 2.

2 x 1 = ...   2 x 6 = ...

2 x 2 = ...   2 x 7 = ...

2 x 3 = ...   2 x 8 = ...

2 x 4 = ...   2 x 9 = ...

2 x 5 = ...   2 x 10 = ...

② J'APPRENDS À MULTIPLIER PAR 2 (SANS RETENUE)

Ma mère achète **2 bouquets** de fleurs séchées à **23 €** l'un. Combien va-t-elle payer ?

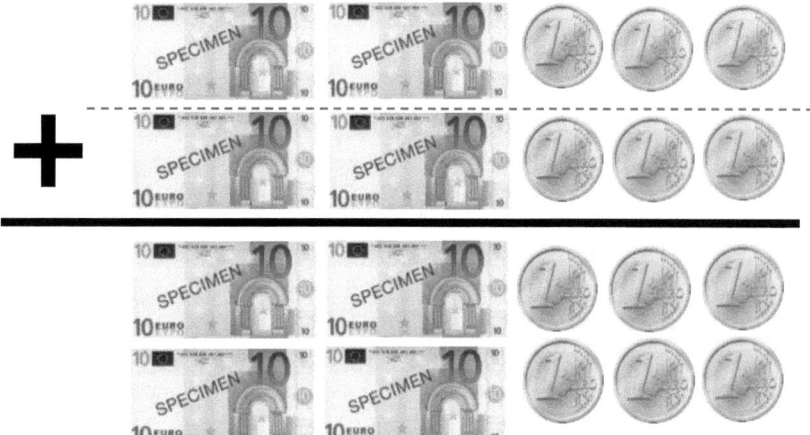

Ma mère doit payer :

⇨ 2 fois 3 € = **6 €**

⇨ 2 fois 2 dizaines = 40 dizaines = **40 €**

⇨ 40 € + 6 € = **46 €**

```
          2 3 €            2 3 €
       x     2         +   2 3 €
       -------           -------
         4 6 €             4 6 €
```

23 €   +   23 €   =   2 fois 23 €   =   **46 €**

③ J'APPRENDS À MULTIPLIER PAR 2 (AVEC RETENUE)

Quel sera le prix de **2 bouquets** de fleurs à **28 €** l'un ?

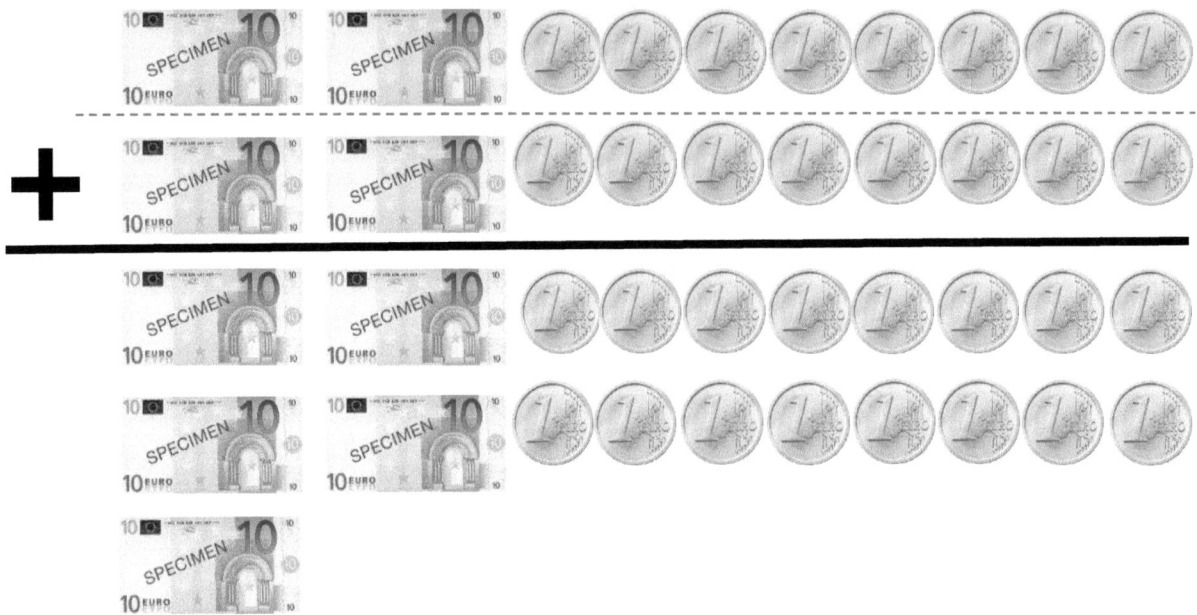

Prix de 2 bouquets de fleurs :
Je dis : ➔ 2 fois 8 € = 16 €

J'écris **6**, puis *je retiens* **1**.

2 fois 2 dizaines = 40 €

2 fois 2 = 4

4 + 1 = 5

J'écris : 5.

Le prix de **2 bouquets** est **56 €**.

④ J'EFFECTUE CES OPÉRATIONS (SANS RETENUE).

```
   3 1         2 2         3 2         2 4
x    2      x    2      x    2      x    2
  ... ...     ... ...     ... ...     ... ...


   2 1         2 3         3 4         4 1
x    2      x    2      x    2      x    2
  ... ...     ... ...     ... ...     ... ...
```

```
   3 3          4 3          4 2          4 4
x    2        x   2        x   2        x   2
  ... ...       ... ...      ... ...      ... ...
```

⑤ J'EFFECTUE CES OPÉRATIONS (AVEC RETENUE).

```
    ○            ○            ○            ○
   1 5          3 6          2 8          3 5
x    2        x   2        x   2        x   2
  ... ...       ... ...      ... ...      ... ...

    ○            ○            ○            ○
   2 5          2 6          3 4          1 9
x    2        x   2        x   2        x   2
  ... ...       ... ...      ... ...      ... ...

    ○            ○            ○            ○
   3 3          3 8          2 7          2 9
x    2        x   2        x   2        x   2
  ... ...       ... ...      ... ...      ... ...

    ○            ○            ○            ○
   1 7          4 5          1 6          4 8
x    2        x   2        x   2        x   2
  ... ...       ... ...      ... ...      ... ...

    ○            ○            ○            ○
   3 9          4 7          1 8          3 7
x    2        x   2        x   2        x   2
  ... ...       ... ...      ... ...      ... ...

                 ○            ○
                4 9          4 6
              x   2        x   2
                ... ...      ... ...
```

```
                                           ○            ○
   2 4          2 4          2 5          2 5
x    2        + 2 4        x   2        + 2 5
  ... ...       ... ...      ... ...      ... ...

                                           ○            ○
   3 1          3 1          3 6          3 6
x    2        + 3 1        x   2        + 3 6
  ... ...       ... ...      ... ...      ... ...
```

```
    4 3          4 3         ⁽⁰⁾4 7        ⁽⁰⁾4 7
  x   2        +  4 3       x    2        +  4 7
  -----        ------       ------        -------
   ...          ...           ...           ...
```

⑥ JE RÉSOUS LES PROBLÈMES SUIVANTS.

(A). Enzo a acheté **2 boîtes** de **6 œufs** chacune. <u>Combien cela fait-il d'œufs en tout ?</u>

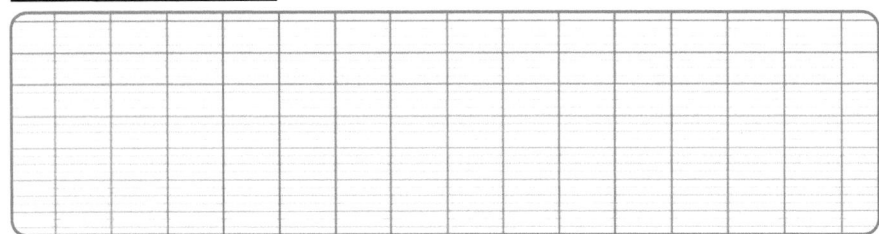 

(B). Pour faire la vidange de sa voiture, Henri achète **2 bidons** de **5 L d'huile** chacun. <u>Quelle quantité d'huile a-t-il achetée ?</u>

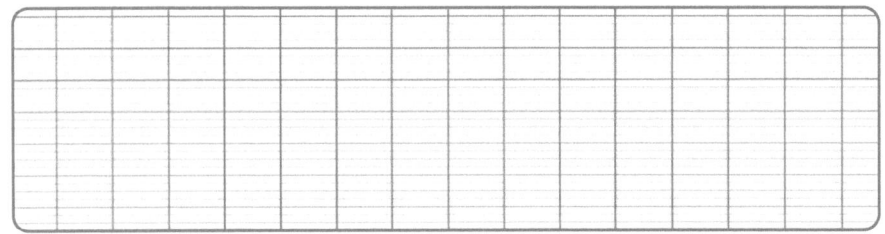 

(C). Une pizza au fromage contient **8 parts**. <u>Combien de parts contiennent 2 pizzas ?</u>

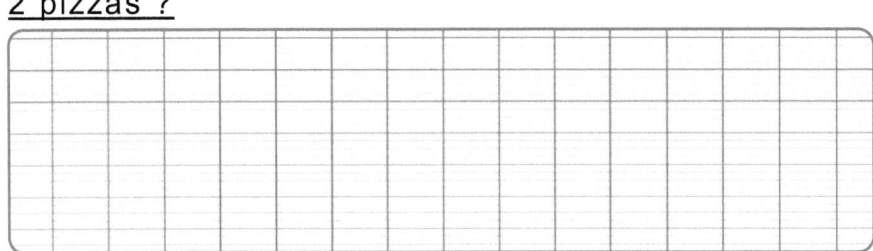 

(D). Un menuisier travaille **7 heures** par jour. <u>Combien d'heures aura-t-il travaillé **en 2 jours** ?</u>

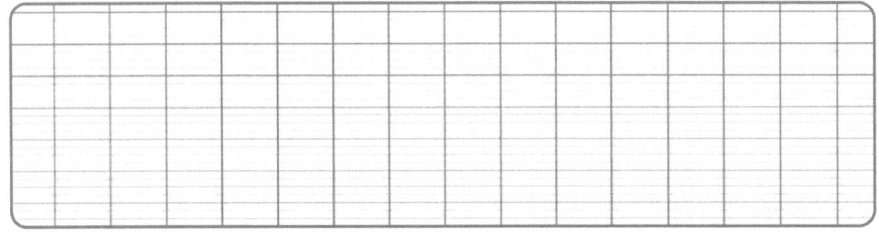 

(E). Un pâtissier a besoin de **5 fraises** pour faire une tartelette. <u>Combien de fraises lui faudra-t-il pour faire **2 tartelettes** ?</u>

⑦ <u>JE TROUVE LE RÉSULTAT.</u>

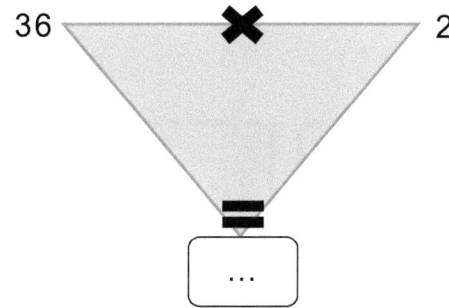
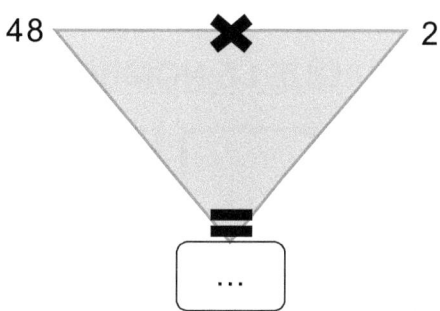

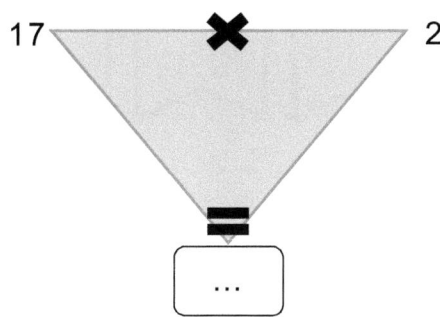
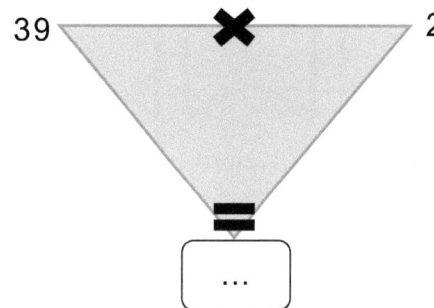

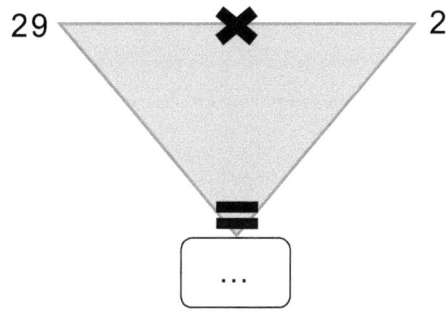
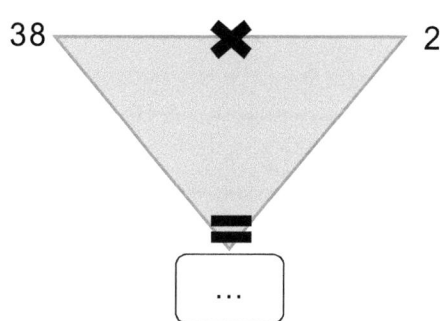

LES NOMBRES JUSQU'À 99 (3)

① J'INDIQUE LES NOMBRES JUSTE AVANT ET JUSTE APRÈS.

② J'INDIQUE LE NOMBRE QUI CONVIENT.

 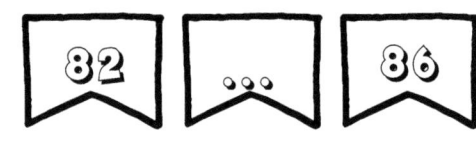

  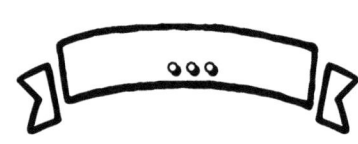

③ J'INDIQUE POUR CHAQUE NOMBRE LE CHEF DE FAMILLE JUSTE AVANT ET LE CHEF DE FAMILLE JUSTE APRÈS.

Chef de famille juste avant		Chef de famille juste après
10	18	20
...	26	...
...	39	...
...	54	...
...	47	...
...	66	...
...	73	...
...	88	...
...	93	...

④ JE RETROUVE LA RÉPONSE DE CHAQUE DEVINETTE.

a) Mon chiffre des dizaines est la moitié de 18. Je suis un nombre pair. Mon chiffre des unités est plus grand que 7 et plus petit que 9. Qui suis-je ? ...

b) Je suis entre 91 et 99. Je suis un nombre impair. On me trouve en comptant de 5 en 5 à partir de 92. Qui suis-je ? ...

c) Mon chiffre des unités est 2. Mon nom commence par « quatre-vingt-dix ». Mon chiffre des dizaines est plus grand que 8. Qui suis-je ? ...

d) Je suis compris entre 80 et 93. On me trouve en comptant de 10 en 10 à partir de 81. Qui suis-je ? ...

e) Je suis entre 80 et 86. On me trouve en comptant de 5 en 5 à partir de 80. Je suis un nombre impair. Qui suis-je ? ...

⑤ JE CONTINUE LA SUITE DES NOMBRES.

| 68 | 69 | ... | ... | ... | ... | ... | 75 | ... |

| 55 | 60 | ... | 70 | 75 | 80 | ... | 90 | 95 |

| 17 | 27 | ... | 47 | ... | ... | 77 | ... | ... |

⑥ JE COLORIE :

- en violet un nombre qui a une dizaine et deux unités.
- en bleu un nombre qui a une dizaine et quatre unités.
- en rose un nombre qui a une dizaine et six unités.
- en rouge les nombres inférieurs à 27 et supérieurs à 21.
- en rose les nombres supérieurs à 31 et inférieurs à 37.
- en violet les nombres qui ont quatre dizaines et plus de deux unités mais moins de six unités.
- en vert les nombres de 10 en 10 à partir de 54.
- en vert le nombre juste avant 66.
- en vert le nombre juste après 74.
- en vert le nombre plus petit que 94 et plus grand que 92.

0	1	2	3	4	5	6	7	8	9
10	11	12	13	14	15	16	17	18	19
20	21	22	23	24	25	26	27	28	29
30	31	32	33	34	35	36	37	38	39
40	41	42	43	44	45	46	47	48	49
50	51	52	53	54	55	56	57	58	59
60	61	62	63	64	65	66	67	68	69
70	71	72	73	74	75	76	77	78	79
80	81	82	83	84	85	86	87	88	89
90	91	92	93	94	95	96	97	98	99

L'USAGE DE LA RÈGLE / LES LIGNES

① JE COMPTE PAR 3.

- de 0 à 60.

....
....
....
....
....

- de 1 à 58.

....
....
....
....
....

- de 2 à 59.

....
....
....
....
....

② J'APPRENDS À CONNAÎTRE LA LIGNE DROITE.

Pour faire une **ligne droite**, je dessine un fil.

J'obtiens aussi une ligne droite quand je plie une feuille de papier.

Où vois-tu des lignes droites en classe, à la maison, sur la cour, etc. ?

③ J'APPRENDS À CONNAÎTRE LES LIGNES BRISÉES.

Je vois des <u>lignes brisées</u> dans les lettres Z et M.

Z M

Je vois des **lignes brisées** dans les dents de la scie.

Les **lignes brisées** sont partout :

  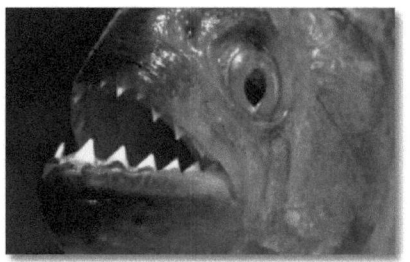

Et toi ? Vois-tu des **lignes brisées** dans la classe ? Où encore ?

④ J'APPRENDS À CONNAÎTRE LES LIGNES COURBES.

Je vois des <u>lignes courbes</u> dans les lettres S et O.

S O

Je vois une **ligne courbe** dans un arc-en-ciel.

Les **lignes courbes** font partie de notre quotidien :

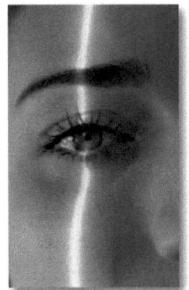  

Les **lignes courbes** sont également utilisées dans l'architecture :

Vois-tu dans la classe des **lignes courbes** ? Où ?

⑤ J'INDIQUE QUEL EST LE CHEMIN PLUS COURT.

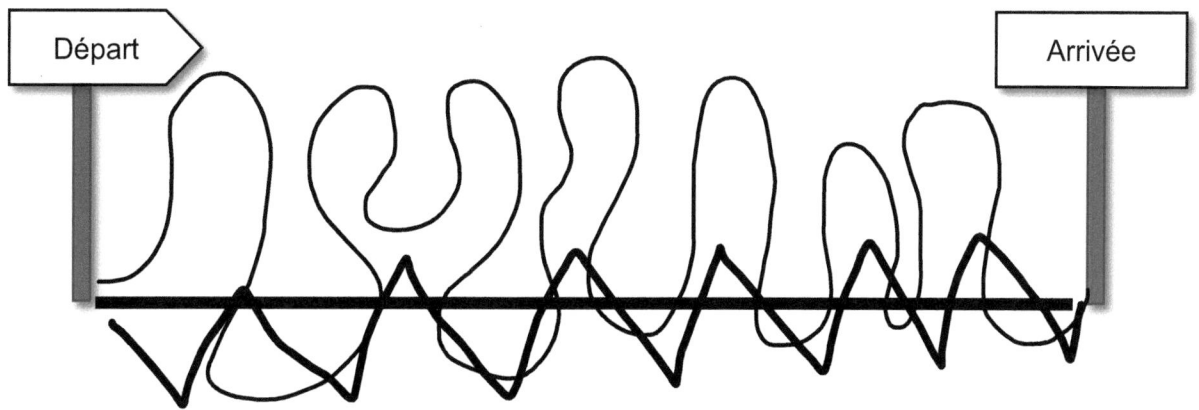

⑥ J'APPRENDS À UTILISER LA RÈGLE.

La <u>**règle**</u> permet de tracer des **lignes droites**.

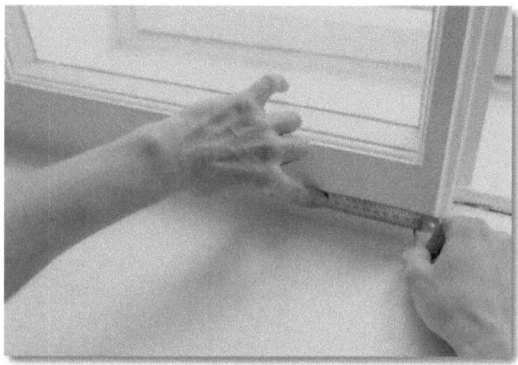

Si je n'ai pas de règle, je peux utiliser **le dos d'un crayon ou d'un stylo** pour <u>**tracer une ligne droite**</u>.

⑦ **JE ME SERS DU DOS DE MON CRAYON POUR TRACER UNE LIGNE DROITE.**

⑧ **JE ME SERS D'UN OBJET DROIT DE MON CHOIX POUR TRACER UNE LIGNE DROITE.**

⑨ **JE MARQUE 2 POINTS SUR 2 LIGNES DIFFÉRENTES. ENSUITE, JE LES JOINS PAR UNE LIGNE DROITE.**

⑩ **JE TRACE UNE LIGNE DROITE DE 1 DM DE LONGUEUR.**

⑪ **JE TRACE UNE LIGNE DE 4 CM. JE LA PROLONGE DE 7 CM. ELLE MESURE … CM.**

⑫ **JE DESSINE LA LAME DE LA SCIE.**

TRACER DES SEGMENTS

① JE TRACE DES SEGMENTS DE LA MÊME LONGUEUR QUE LE SEGMENT DESSINÉ.

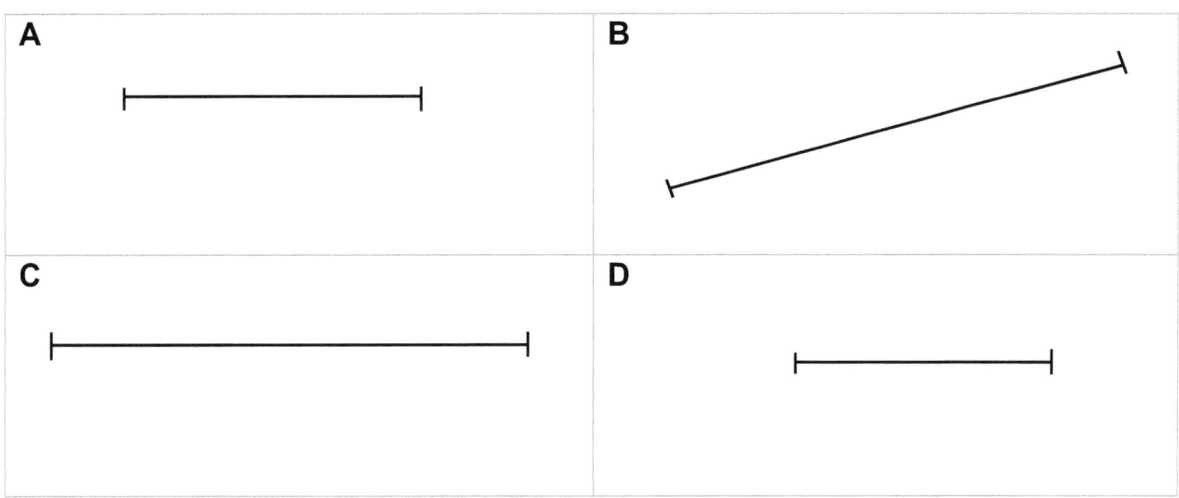

② JE TRACE LES TIGES POUR QU'ELLES MESURENT TOUTES LA MÊME LONGUEUR.

③ JE COMPLÈTE LES SEGMENTS POUR QU'ILS MESURENT TOUS LA MÊME LONGUEUR.

TRACER DES SEGMENTS : DOUBLES x MOITIÉS

① J'ASSOCIE CHAQUE BARRE À SA MOITIÉ.

1 ▬▬▬▬▬▬▬▬▬▬▬▬▬▬   A ▬▬▬▬

2 ▬▬▬▬▬▬▬▬▬▬   B ▬▬▬▬▬

3 ▬▬▬▬▬▬▬▬▬▬▬▬   C ▬▬▬▬▬▬

② J'ENTOURE DE LA MÊME COULEUR LE DOUBLE ET SA MOITIÉ.

③ JE TRACE LE DOUBLE DE CHAQUE SEGMENT.

A ▬▬▬   C ▬▬▬

B ▬   D ▬▬▬▬▬

④ JE TRACE :

a) le double de 3 cm. =

b) la moitié de 18 cm. =

c) le double de 7 cm. =

LES NOMBRES JUSQU'À 99 (4)

① JE RELIE LES POINTS DE 50 À 99.

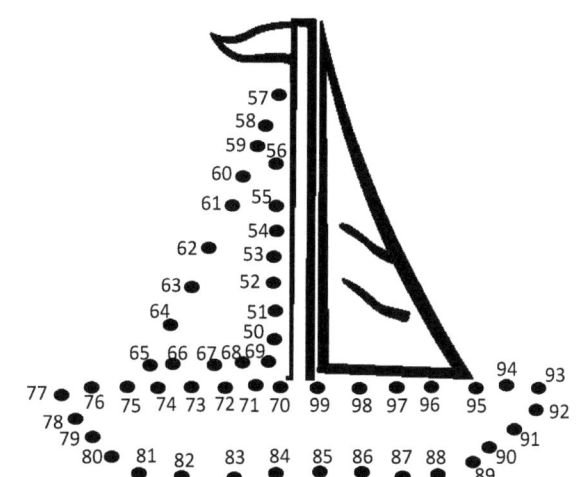

② JE RETROUVE LES NOMBRES CACHÉS.

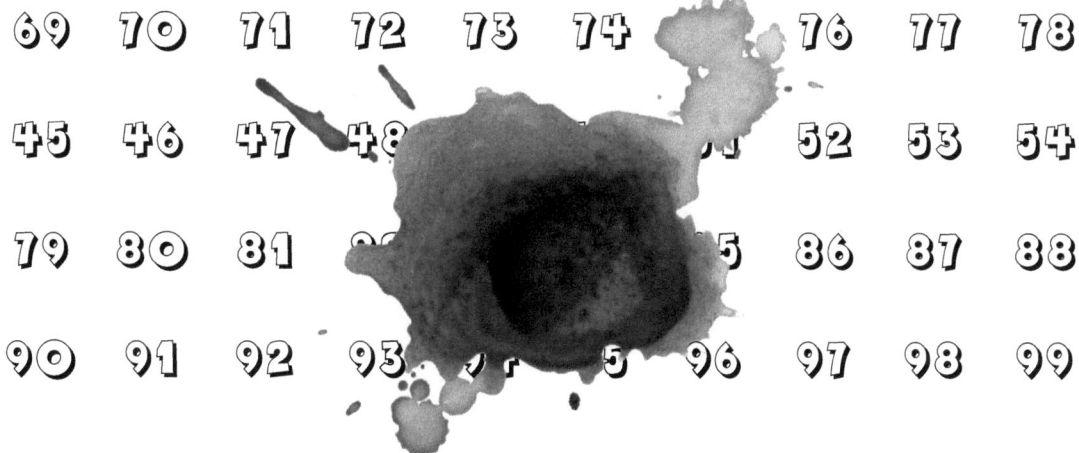

③ J'INDIQUE LES ERREURS.

a) 74 – 75 – 76 – 67 – 78 – 79 – 80 – 81 – 82 – 83
b) 77 – 78 – 79 – 81 – 82 – 83 – 84 – 75 – 86 – 87
c) 99 – 98 – 97 – 86 – 95 – 94 – 93 – 92 – 81 – 90
d) 25 – 30 – 40 – 45 – 50 – 55 – 60 – 65 – 70 – 85
e) 62 – 64 – 66 – 68 – 70 – 71 – 72 – 74 – 76 – 80

④ J'INDIQUE LE NOMBRE CORRESPONDANT À CHAQUE LETTRE.

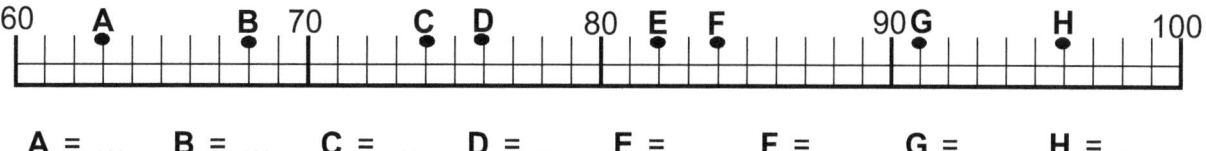

A = ...   B = ...   C = ...   D = ...   E = ...   F = ...   G = ...   H = ...

⑤ JE COMPLÈTE.

96 = 80 + ...   94 = 20 + 20 + 20 + 20 + ...
92 = 80 + ...   91 = 20 + 20 + ... + ... + ...
97 = 80 + ...   95 = 20 + 20 + ... + ... + ...
93 = 80 + ...   98 = ... + ... + ... + ... + ...

82 = 80 + ...   89 = 20 + 20 + 20 + 20 + ...
83 = 80 + ...   84 = 20 + 20 + ... + ... + ...
88 = 80 + ...   87 = 20 + 20 + ... + ... + ...
86 = 80 + ...   81 = ... + ... + ... + ... + ...

⑥ JE METS LE SIGNE <, > OU =.

80 ... 60 + 10 + 8   60 + 10 + 6 ... 30 + 20 + 20 + 6
80 + 15 ... 80 + 17   40 + 40 + 12 ... 30 + 30 + 30 + 2
80 + 10 + 4 ... 42 + 42   30 + 30 + 10 + 8 ... 60 + 18
20 + 20 + 20 + 20 + 17 ... 87   50 + 20 + 20 + 5 ... 50 + 20 + 5

⑦ JE TROUVE UN NOMBRE QUI CONVIENT.

96 > ...   76 > ...   83 > ...
76 < ...   82 < ...   87 > ...
98 < ...   79 > ...   81 < ...
92 > ...   78 < ...   94 < ...

⑧ J'ÉCRIS LE NOMBRE QUI VIENT JUSTE AVANT ET CELUI QUI VIENT JUSTE APRÈS.

... > 85 < ...   ... > 71 < ...   ... > 86 < ...
... > 88 < ...   ... > 94 < ...   ... > 97 < ...
... > 72 < ...   ... > 96 < ...   ... > 90 < ...

DIVISER PAR 2

① J'ÉCRIS LA MOITIÉ DES NOMBRES PAIRS DE 0 À 60.

....

....

....

....

....

② J'OBSERVE ET J'APPRENDS.

Je partage **46 €** en **2 parts égales**.

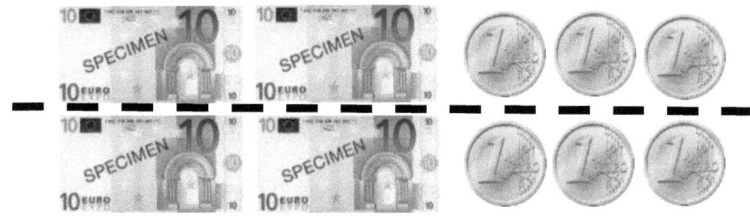

1) D'abord, je partage les billets de 10 €.
   Chacun reçoit **2 billets de 10 €** ou **20 €**.

2) Ensuite, je partage les 6 pièces de 1 €.
   Chacun reçoit **3 pièces de 1 €** ou **3 €**.

⇨ Chaque part est de **23 €**.

Pour poser l'opération de division :

J'écris :

```
 46 | 2
- 4 | 2
  0
```

$2 \times \boxed{?} = 4$
$2 \times \boxed{2} = 4$
$4 - 4 = 0$

Ensuite,

```
 46 | 2
- 4 | 23
  06
-  6
   0
```

$2 \times \boxed{?} = 6$
$2 \times \boxed{3} = 6$
$6 - 6 = 0$

③ J'OBSERVE ET J'APPRENDS (2).

Je partage **52 €** en **2 parts égales**.

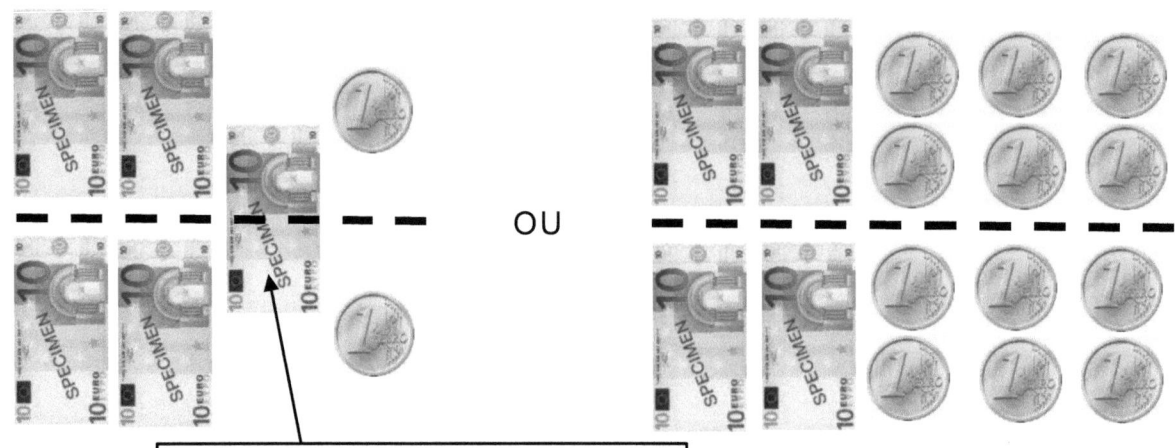

Je remplace **un billet de 10€** par **10 pièces de 1 €**.

⇨ Chaque part est de **26 €**.

Pour poser l'opération de division :

J'écris :

```
 52 | 2
- 4 | 2
  1 |
```

2 x ? = 5
2 x 2 = 4
5 − 4 = 1

Ensuite,

```
 52 | 2
- 4 | 26
 12 |
-12 |
 00 |
```

2 x ? = 12
2 x 6 = 12
12 − 12 = 0

④ J'EFFECTUE CES DIVISIONS SIMPLES.

```
 16 | 2        10 | 2        18 | 2        14 | 2
- …|…        - …|…        - …|…        - …|…
   …           …            …            …
```

⑤ J'EFFECTUE LES DIVISIONS SUIVANTES.

| 48 | 2 | | 58 | 2 | | 32 | 2 | | 36 | 2 |

| 54 | 2 | | 46 | 2 | | 56 | 2 | | 52 | 2 |

⑥ JE RÉSOUS LES PROBLÈMES SUIVANTS.

(A). Léon et Victor se partagent **42 cartes**. Combien de cartes chacun aura-t-il ?

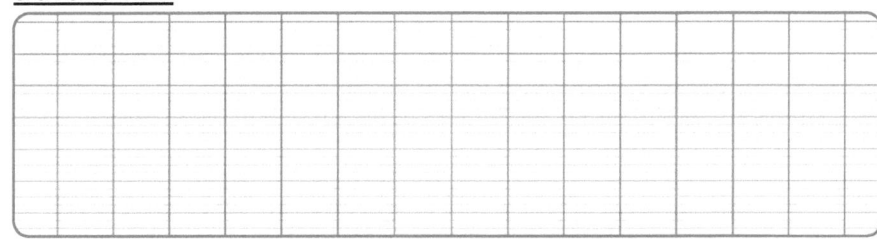

(B). Avec les **54 roses** qu'elle vient de recevoir, une fleuriste prépare des petits bouquets de **2 roses**. Combien de bouquets peut-elle préparer ?

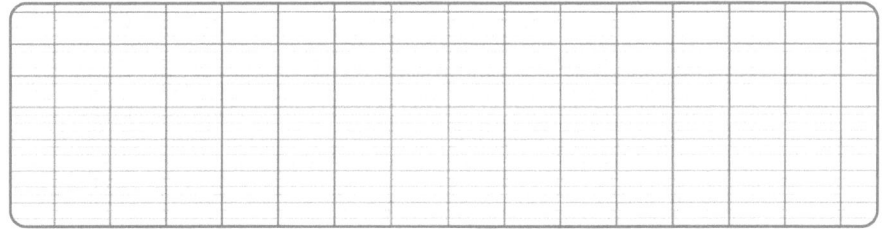

(C). Les **38 élèves** de l'atelier Jardin et Espaces Verts **sont répartis en 2 groupes**. Combien d'élèves y a-t-il dans chaque groupe ?

(D). Dans son album photo, Jean-Yves colle **2 grandes photos par page**. Il a **34 photos** à coller. <u>Combien de pages va-t-il utiliser de cet album?</u>

(E). Les deux éducatrices de sports ont réparti leurs **32 élèves** en **2 équipes**. <u>Combien d'élèves y aura-t-il dans chaque équipe ?</u>

(F). Pour le goûter de fin d'année, un enseignant achète **un seau de 6 kg de bonbons**. Il partage ce seau avec un autre collègue. <u>Combien chacun d'eux en aura-t-il ?</u>

(G). Patrick a ramassé **58 kg de raisin** aujourd'hui. Il range sa collecte dans **2 cagettes**. <u>Combien pèsera chaque cagette ?</u>

(H). Nous avons acheté **2 gâteaux des rois à 24 €**. <u>Combien coûterait si je n'avais acheté qu'un seul gâteau des rois ?</u>

LA SOUSTRACTION AVEC RETENUE

① JE RÉVISE LA TABLE DE SOUSTRACTION DES 4.

52 – 4 = ...   60 – 4 = ...   44 – 4 = ...   40 – 4 = ...

46 – 4 = ...   50 – 4 = ...   54 – 4 = ...   48 – 4 = ...

56 – 4 = ...   38 – 4 = ...   32 – 4 = ...   34 – 4 = ...

42 – 4 = ...   46 – 4 = ...   36 – 4 = ...   58 – 4 = ...

② J'OBSERVE ET J'APPRENDS.

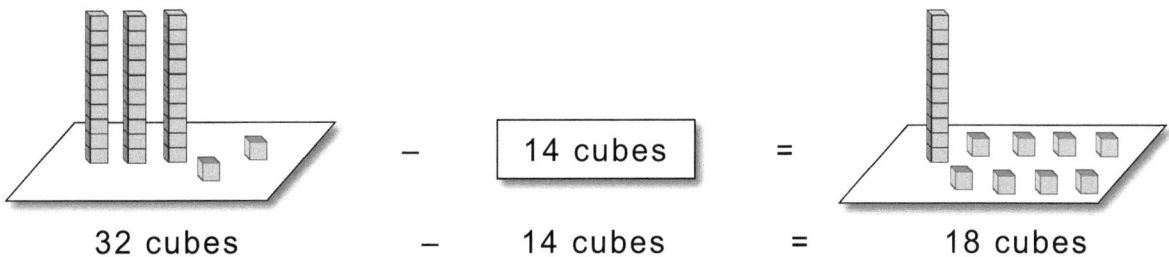

32 cubes   –   14 cubes   =   18 cubes

De **32 cubes**, j'enlève **14 cubes** (une dizaine et 4 cubes) :

1) D'abord, je commence par enlever les unités (les petits cubes).

   Je prends **4 petits cubes**, il me faut défaire une dizaine (une colonne de cube).

   De **12 cubes**, il reste **8 cubes**.

2) Ensuite, j'enlève les dizaines (les colonnes de cubes)

   Il restait **deux dizaines**.

   Maintenant, j'enlève une dizaine. Il reste une dizaine.

   1 dizaine de cubes + 8 cubes = 18 cubes.

	3	2			3	①2			2	①
–	1	4		–	1	4			̸3	2
		?				8		–	1	4
									1	8

De **2**, j'enlève **4**.   Je rajoute **une dizaine**.   Je « casse » **une dizaine**.
C'est impossible.   De **12**, j'enlève **4**.   Je mets **2** à la place de **3**.
                                Il reste **8**.   Je fais : **2 – 1**. Cela fait **1**.
                                                                    Résultat = **18**.

③ JE RÉSOUS LES PROBLÈMES SUIVANTS.

(A). Mélissa et son copain avaient un trajet de **52 km** à effectuer. Ils ont déjà parcouru **37 km**. <u>Quelle distance leur reste-t-il encore à parcourir ?</u>

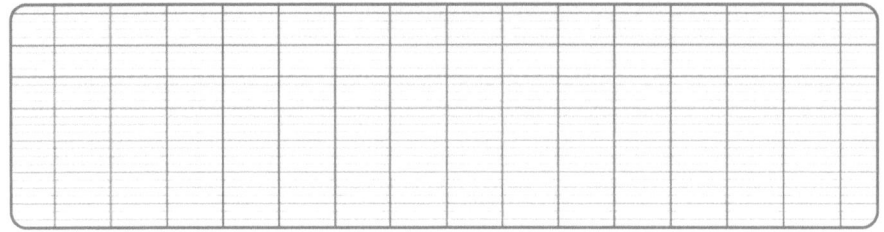 

(B). Sur un carnet de **60 pages**, Anna a déjà utilisé **47 pages**. <u>Combien de pages lui reste-t-il encore à utiliser ?</u>

(C). Pour Noël, Agathe avait reçu **60 €**. Elle dépense **24 €** pour s'acheter un pull. <u>Quelle somme lui reste-t-il ?</u>

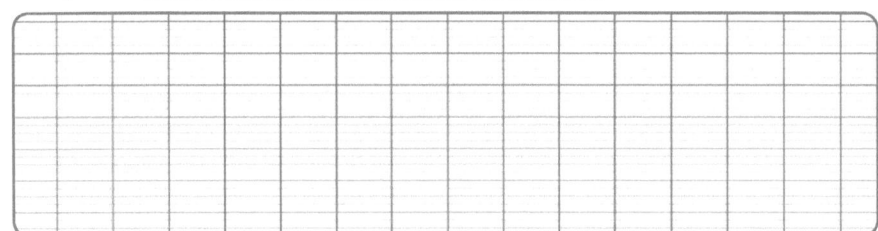 

④ J'EFFECTUE CES SOUSTRACTIONS.

```
   5 7            5 3            4 6
-  1 9         -  2 5         -  2 7
  ... ...        ... ...        ... ...


   4 4            4 1            5 0
-  2 8         -  2 9         -  3 5
  ... ...        ... ...        ... ...


   3 1            5 4            5 1
-  1 7         -  2 6         -  2 3
  ... ...        ... ...        ... ...
```

L'ADDITION ET LA SOUSTRACTION

① JE RÉVISE.

50 + 5 = …   35 + 5 = …   30 − 5 = …   35 − 5 = …

45 + 5 = …   10 + 5 = …   15 − 5 = …   45 − 5 = …

25 + 5 = …   5 + 5 = …   55 − 5 = …   25 − 5 = …

20 + 5 = …   30 + 5 = …   20 − 5 = …   60 − 5 = …

② J'OBSERVE ET J'APPRENDS.

▶ L'addition sans retenue :

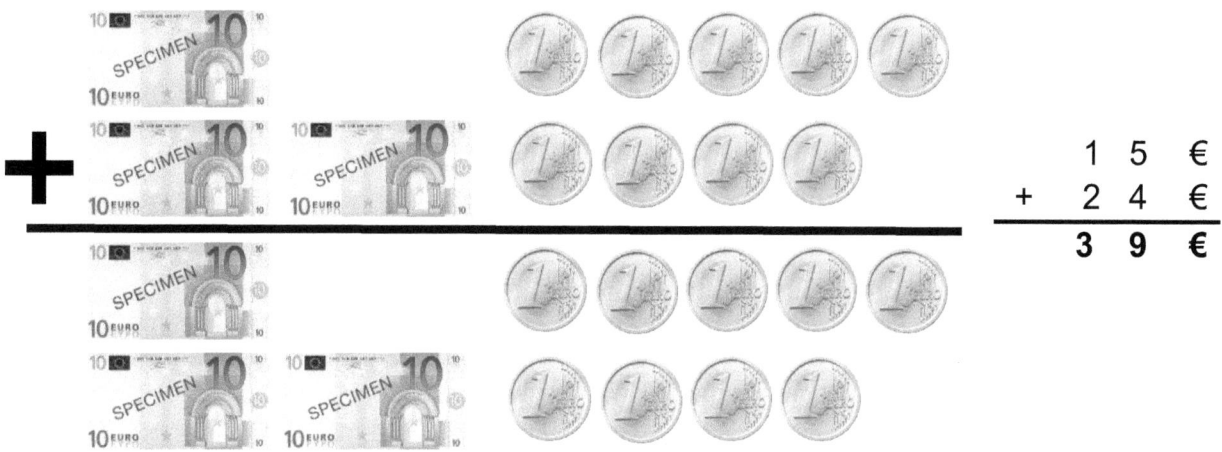

▶ L'addition avec retenue :

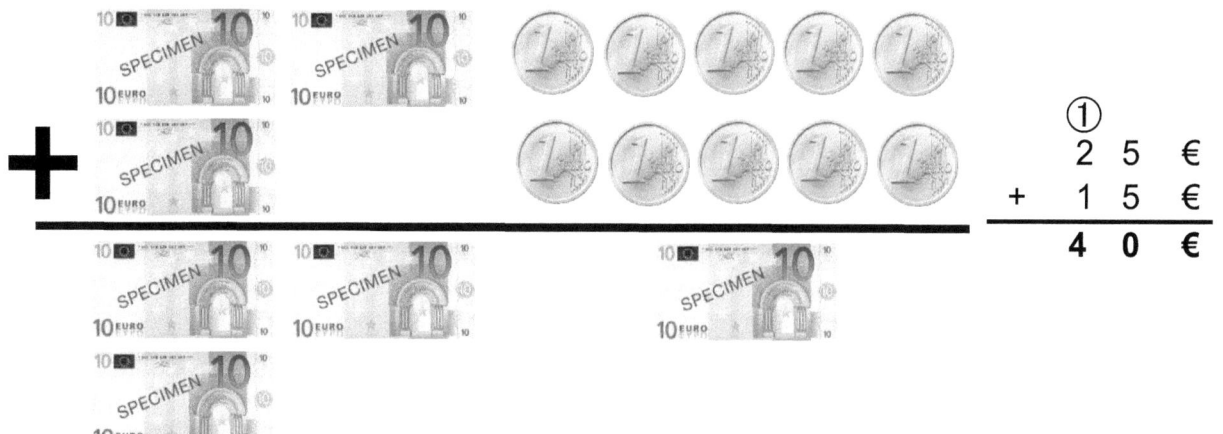

La soustraction :

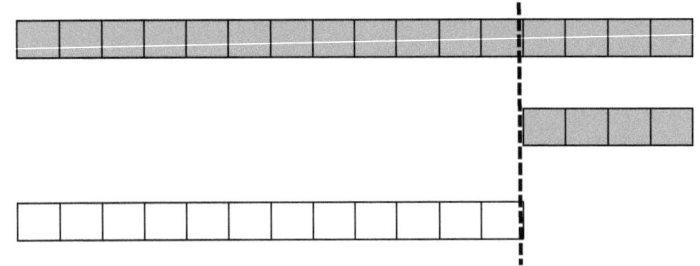

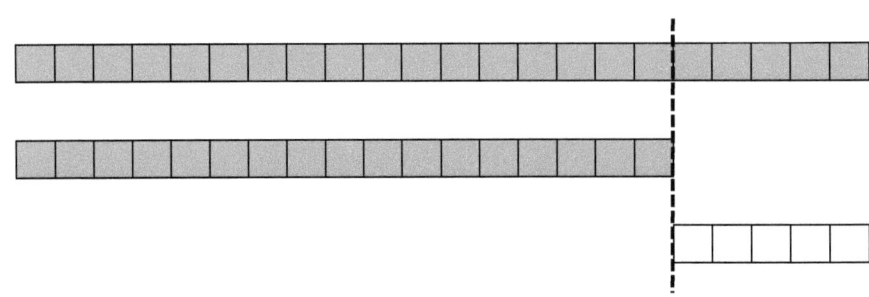

③ J'EFFECTUE LES ADDITIONS ET LES SOUSTRACTIONS.

```
   1 7         4 3         5 6
+  3 7      -  2 5      -  1 7
  ... ...      ... ...      ... ...


   2 1         5 9         5 1
+  2 9      -  1 6      -  2 9
  ... ...      ... ...      ... ...


   3 7         2 7         4 7
+  1 8      -    9      -    6
  ... ...      ... ...      ... ...
```

④ JE RÉSOUS LES PROBLÈMES SUIVANTS.

(A). Chloé possède **7 €** et Lisa possède **5 €**. Elles posent leur argent dans une tirelire. Combien y a-t-il d'argent dans la tirelire ?

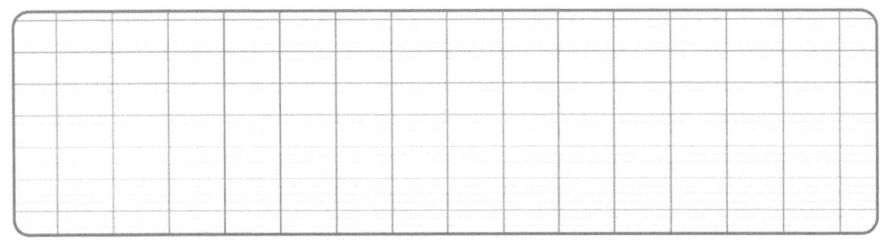

(B). Une société de location de vélos met **59 vélos** à disposition de ses clients. **36 vélos** sont loués par jour par la clientèle. Combien de vélos ne sont pas loués ?

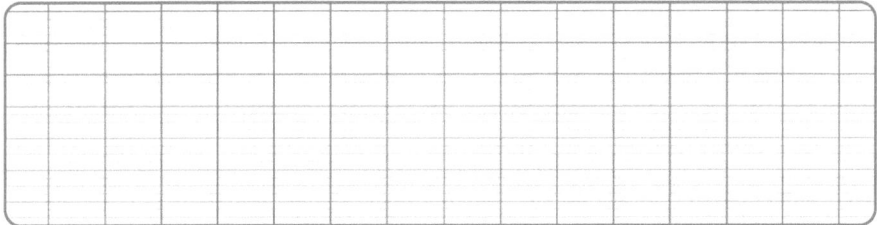

(C). Maxime a **5 L d'huile de tournesol**, Arthur a **4 L d'huile de tournesol** et Rémy a **5 L d'huile de tournesol**. Ils versent l'huile dans un bidon. Combien y a-t-il d'huile dans le bidon ?

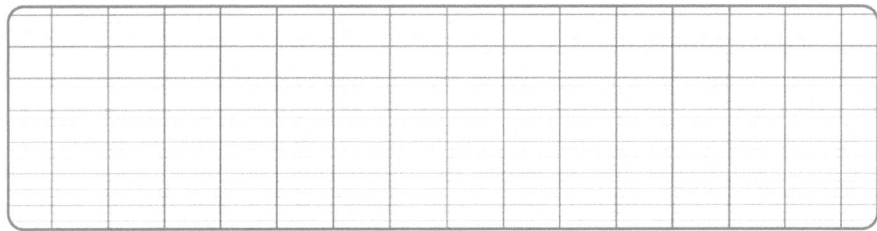

(D). Anna possède **42 stickers**. Elle en donne **28** à sa cousine Emma. Combien de stickers lui reste-t-il ?

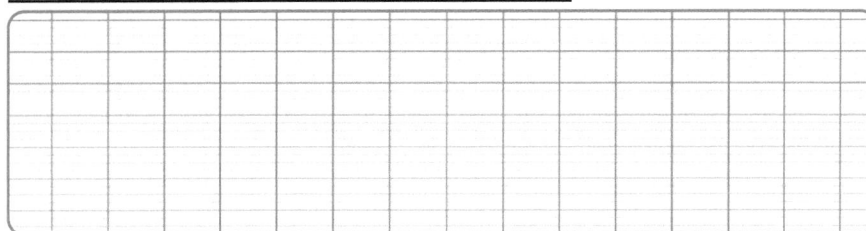

(E). J'ai mis au four **51 sablés à la confiture**. J'en ai sorti **29**. Combien y en a-t-il encore dans le four ?

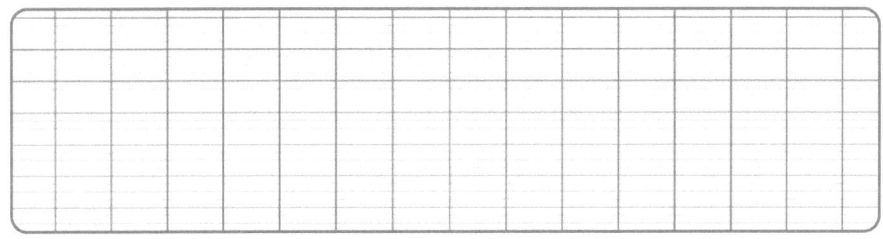

Dans **une addition** (+) ➔ on ajoute.
Dans **une soustraction** (-) ➔ on enlève.

MULTIPLIER ET DIVISER PAR 2

① JE POSE ET RÉSOUS CES OPÉRATIONS.

14 ÷ 2 = ...   26 ÷ 2 = ...   23 x 2 = ...   28 x 2 = ...

54 ÷ 2 = ...   58 ÷ 2 = ...   14 x 2 = ...   37 x 2 = ...

32 ÷ 2 = ...   42 ÷ 2 = ...   22 x 2 = ...   48 x 2 = ...

44 ÷ 2 = ...   18 ÷ 2 = ...   42 x 2 = ...   29 x 2 = ...

② J'OBSERVE ET J'APPRENDS.

▶ Le sens de la multiplication par 2 :

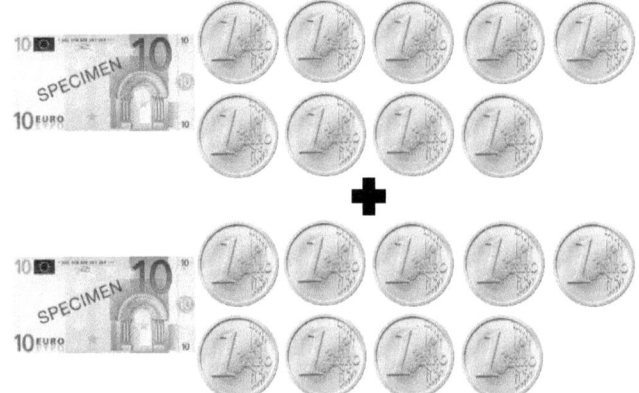

▶ Le sens de la division par 2 :

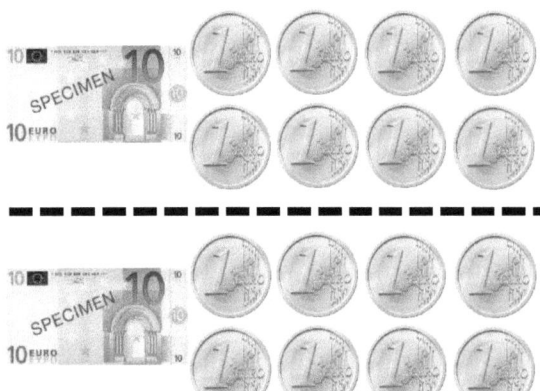

③ JE RÉSOUS LES PROBLÈMES SUIVANTS.

(A). Myriam achète **2 boîtes de 6 œufs**. Combien d'œufs a-t-elle achetés ?

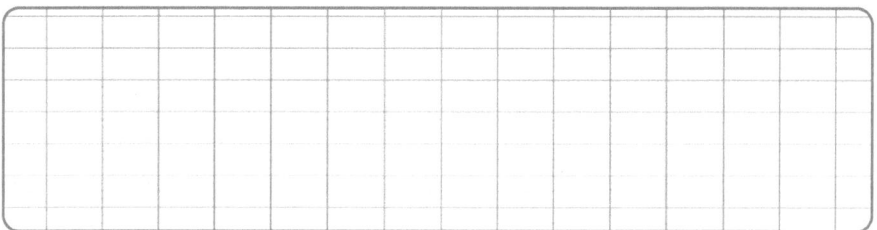

(B). Un carton de kiwis a pour masse **7 kg**. Calcule la masse de 2 cartons de kiwis.

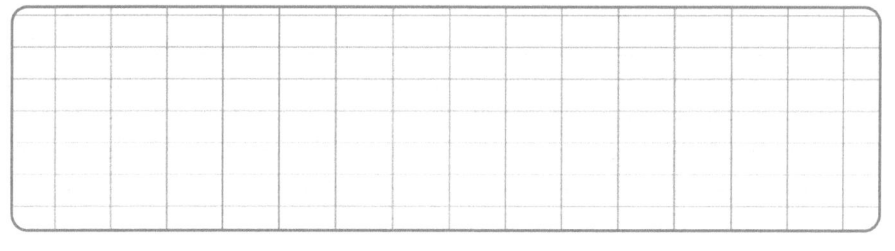

(C). **2 enfants** doivent se partager **28 cartes**. Combien chaque enfant aura-t-il de cartes si le partage est équitable ?

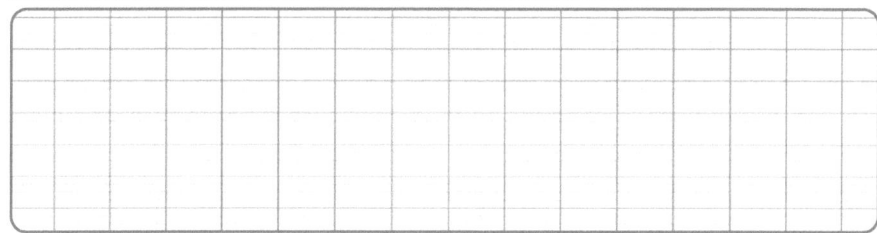

(D). Au cours d'une foire au bricolage, Élodie achète **6 tournevis** à **2 €** l'un. Combien paiera-t-elle en tout ?

(E). J'ai un sac de **64 sucettes**. Je partage en deux chacun de ces sacs. Combien de sucettes vais-je obtenir à chaque fois ?

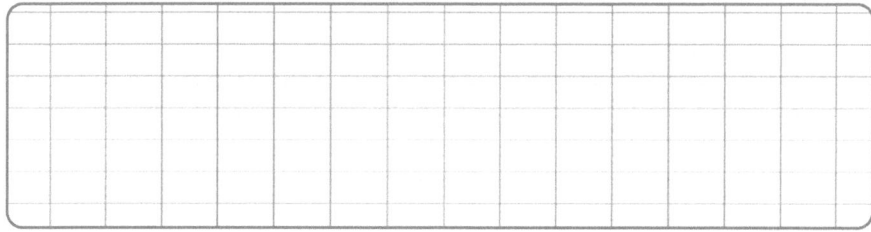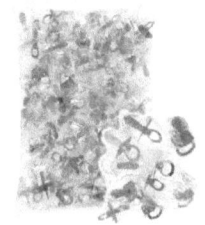

④ JE CALCULE CES MULTIPLICATIONS ET DIVISIONS.

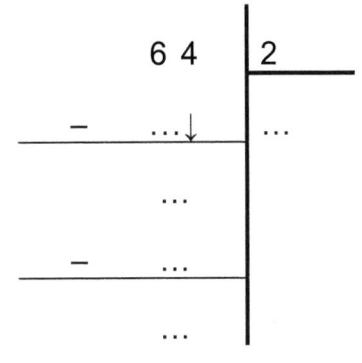
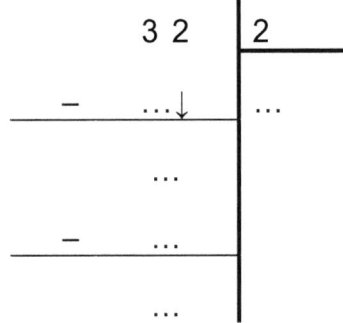
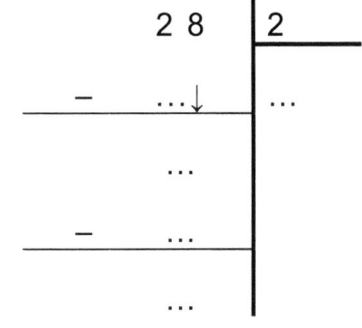

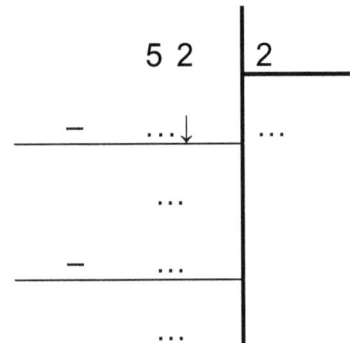
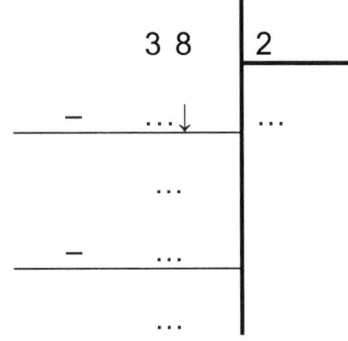
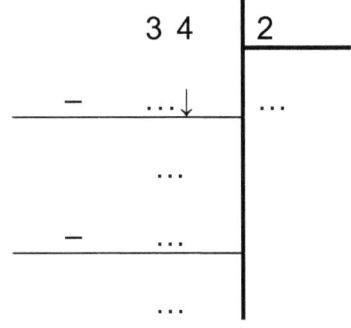

LES 4 OPÉRATIONS

① JE RÉVISE.

25 + 3 = ...   28 + 4 = ...   33 + 5 = ...

30 + 3 = ...   42 + 4 = ...   52 + 5 = ...

51 + 3 = ...   54 + 4 = ...   40 + 5 = ...

57 + 3 = ...   16 + 4 = ...   39 + 5 = ...

38 + 3 = ...   11 + 4 = ...   15 + 5 = ...

② JE DEVINE L'OPÉRATION À FAIRE.

(A). J'achète une perceuse et une ponceuse pour mon atelier de menuiserie. En tout, je dépense ………. €.

23 €   27 €

(B). **Dans une boîte**, il y a **14 chocolats**. Dans **2 boites**, il y en aura …….

(C). Je peux disposer <u>dans chaque vase</u> un bouquet de ………. roses.

54 roses   *2 vases en verre*

(D). La poutre en bois du haut mesure .... cm de plus que celle du bas.

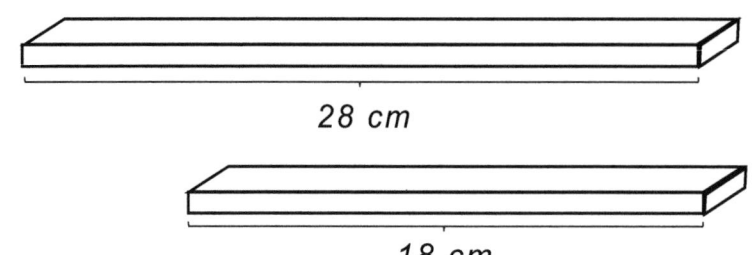

③ JE COMPLÈTE :

a) 2 carnets contiennent chacun **28 pages**. Les deux carnets ont .... pages.

b) Je partage **50 euros** entre deux de mes neveux. Chaque enfant recevra .... euros.

c) Une boîte contient **36 sucettes** et une autre **16 sucettes**. Dans les deux boites il y a .... sucettes.

d) Dans la cagette il y a **36 fraises**. On en mange **18**. Il reste ... fraises.

④ JE POSE ET EFFECTUE LES OPÉRATIONS SUIVANTES.

26 + 23 = ...	16 + 36 = ...	56 − 29 = ...	53 − 28 = ...
35 + 14 = ...	15 + 37 = ...	51 − 17 = ...	42 − 25 = ...
13 + 42 = ...	39 + 12 = ...	35 − 18 = ...	44 − 26 = ...
47 + 11 = ...	13 + 39 = ...	54 − 36 = ...	37 − 18 = ...
48 ÷ 2 = ...	20 ÷ 2 = ...	14 x 2 = ...	19 x 2 = ...
56 ÷ 2 = ...	18 ÷ 2 = ...	23 x 2 = ...	28 x 2 = ...
32 ÷ 2 = ...	16 ÷ 2 = ...	32 x 2 = ...	27 x 2 = ...
24 ÷ 2 = ...	30 ÷ 2 = ...	41 x 2 = ...	16 x 2 = ...
26 ÷ 2 = ...	36 ÷ 2 = ...	12 x 2 = ...	15 x 2 = ...

LES NOMBRES DE 60 À 100

① JE RÉVISE.

Je compte les nombres de 0 à 60 par 1.

0	1	2							
				14	15				19
	21								
			33				37		
					45				
50		52							
60									

Je compte les nombres de 0 à 60 par 2.

0	2	4	6						18
				28			34		
			46					56	
60									

Je compte les nombres de 1 à 59 par 2.

1	3	5							
					31				39
			47						59

Je compte les nombres de 0 à 60 par 5.

0	5	10	15						45
		60							

Je compte les nombres de 0 à 60 par 10.

0	10			40		

② J'OBSERVE ET J'APPRENDS.

J'apprends à compter de 60 à 80 :

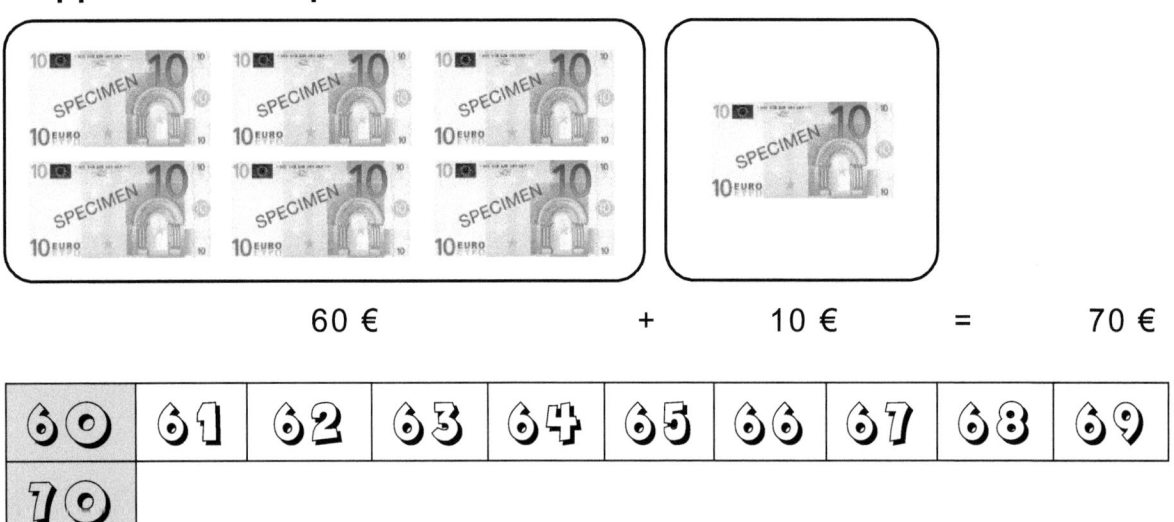

60 € + 10 € = 70 €

60	61	62	63	64	65	66	67	68	69
70									

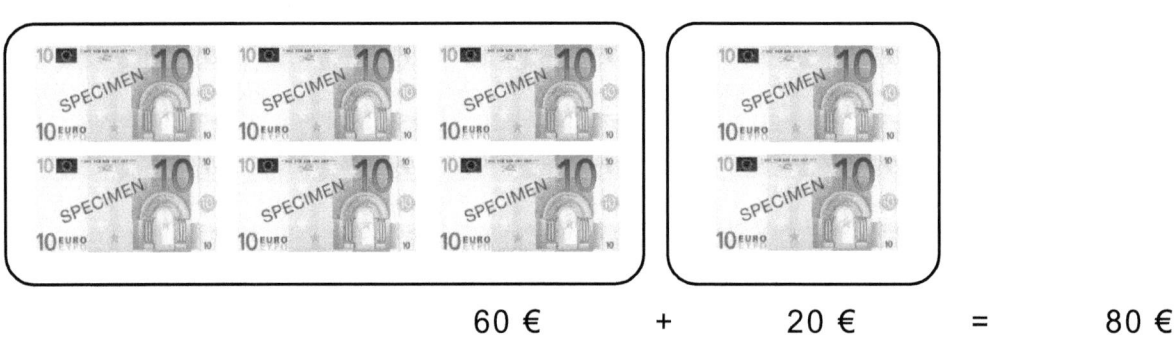

60 € + 20 € = 80 €

60	61	62	63	64	65	66	67	68	69
70	71	72	73	74	75	76	77	78	79
80									

J'apprends à compter de 80 à 100 :

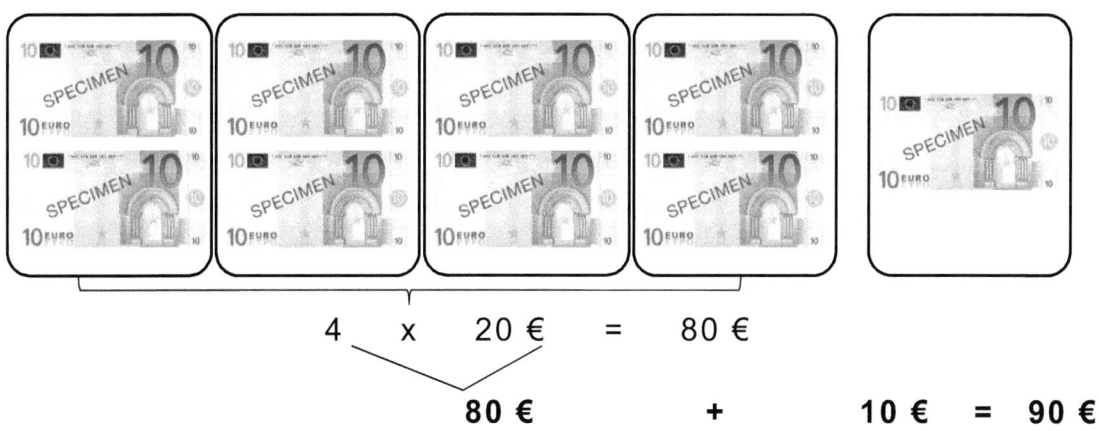

4 x 20 € = 80 €

80 € + 10 € = 90 €

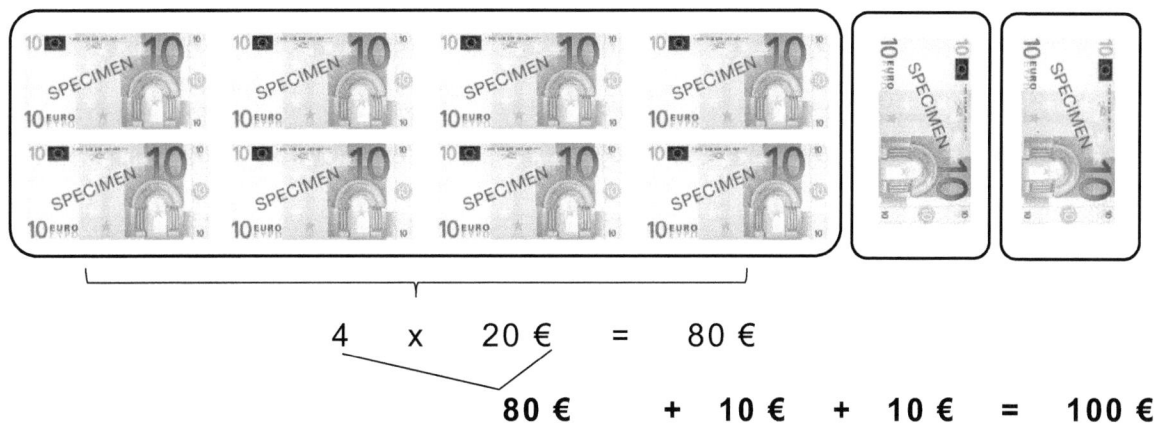

4 x 20 € = 80 €

80 € + 10 € + 10 € = 100 €

60	61	62	63	64	65	66	67	68	69
70	71	72	73	74	75	76	77	78	79
80	81	82	83	84	85	86	87	88	89
90	91	92	93	94	95	96	97	98	99
100									

60 = soixante
61 = soixante-et-un
62 = soixante-deux
63 = soixante-trois
...
70 = soixante
71 = soixante-et-onze
72 = soixante-douze
73 = soixante-treize
...

80 = quatre-vingts
81 = quatre-vingt-un
82 = quatre-vingt-deux
83 = quatre-vingt-trois
...
90 = quatre-vingt-dix
91 = quatre-vingt-onze
92 = quatre-vingt-douze
93 = quatre-vingt-treize
100 = cent

③ JE LIS LES NOMBRES SUIVANTS À VOIX HAUTE.

61	71	66	87	97
75	82	93	65	96
74	73	61	81	99

④ J'ÉCRIS LES NOMBRES SUIVANTS EN LETTRES.

61 = ... 87 = ...

65 = ... 96 = ...

73 = ... 93 = ...

75 = ... 85 = ...

92 = ... 82 = ...

77 = ... 67 = ...

⑤ JE COMPLÈTE.

a) 7 dizaines de roses et 1 rose = ... roses.

b) 8 billets de 10 € et 3 pièces de 2 € = ... €

c) 9 dizaines et 5 unités = ...

d) 68 roses, c'est ... dizaines de roses et ... roses.

⑥ JE DESSINE LE PLUS PETIT NOMBRE POSSIBLE DE BILLETS ET DE PIÈCES POUR PAYER LES SOMMES INDIQUÉES.

76 €	89 €	78 €	75 €	92 €

LE SENS DE LA DIVISION

① JE COLORIE EN SUIVANT LE CODE.

8 = gris **10 = rouge** **2 = rose** **12 = jaune** **14 = violet**

16 = orange **12 = marron** **4 = bleu** **5 = vert**

② J'EFFECTUE LES MULTIPLICATIONS SUIVANTES.

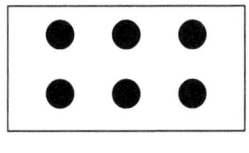

2 x 3 = 6

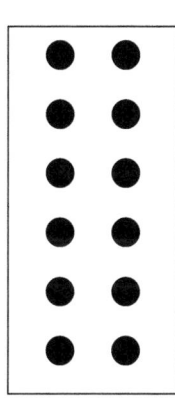

___ x ___ = ___

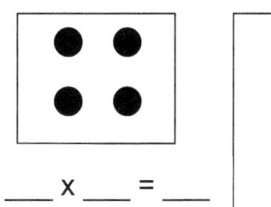

___ x ___ = ___

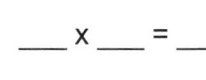

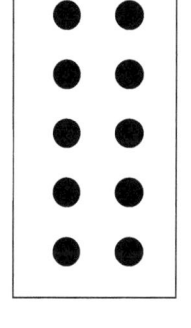

___ x ___ = ___

___ x ___ = ___

③ DE LA MULTIPLICATION À LA DIVISION.

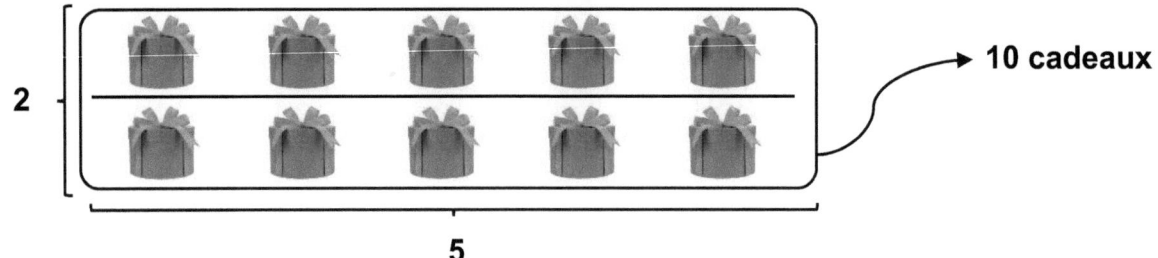

5 cadeaux *fois* **2** = **10 cadeaux**

10 cadeaux *divisés par* **2** = **5 cadeaux**

On dit :   **10** *contient* **5 fois 2**.

   5 fois 2 = 10

   10 moins 10, il reste **0**.

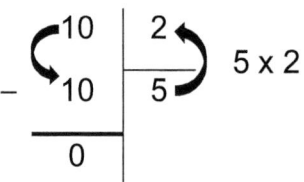

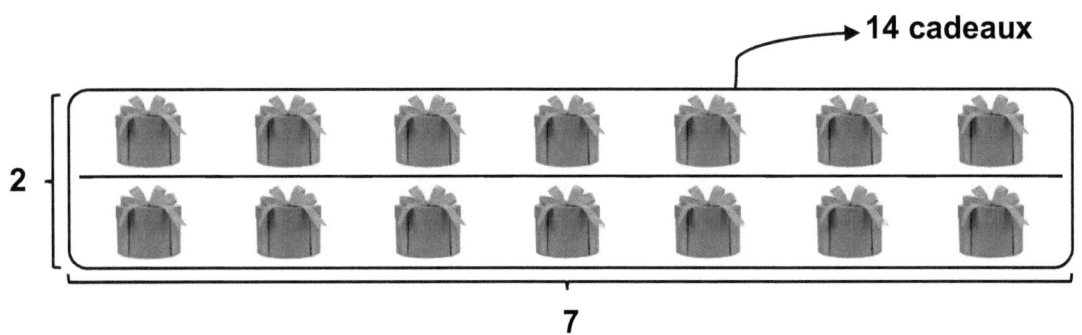

7 vélos *fois* **2** = **14 vélos**

14 vélos *divisés par* **2** = **7 vélos**

On dit :   **14** *contient* **7 fois 2**.

   7 fois 2 = 14

   14 moins 14, il reste **0**.

④ JE RÉSOUS LES PROBLÈMES SUIVANTS.

(A). Je partage **8 yaourts** aux pommes entre **2 enfants**. Combien chacun a-t-il de yaourts ?

(B). J'ai **14 brioches au sucre**. J'en donne **une moitié** à Anaïs et **l'autre moitié** à Mathilde. Combien chacune de ces jeunes filles aura-t-elle de brioches ?

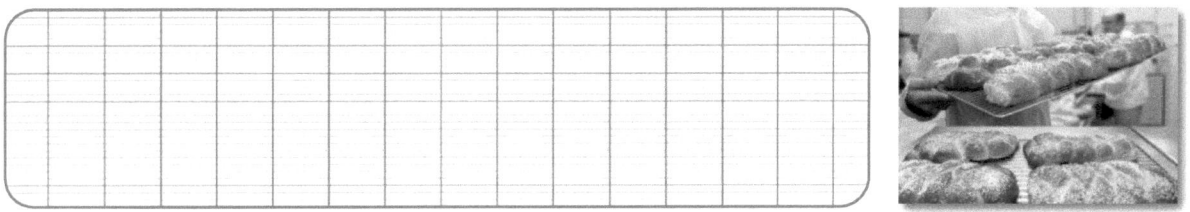

(C). **20 personnes** sont rangées **sur 2 lignes**. Combien de personnes y aura-t-il sur chaque ligne ?

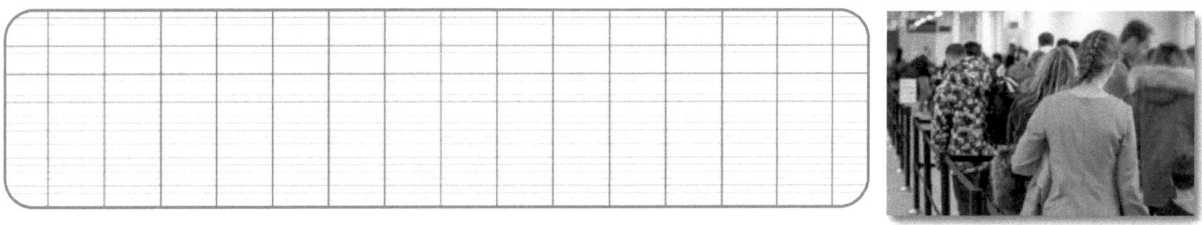

(D). Un seau peut contenir **16 litres d'eau**. Il est à moitié plein d'eau. Combien y a-t-il de litres d'eau dans le seau ?

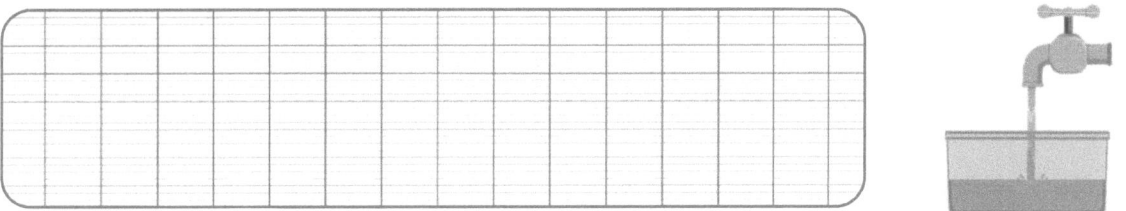

(E). Le jour qui marque le milieu de la semaine est le ....

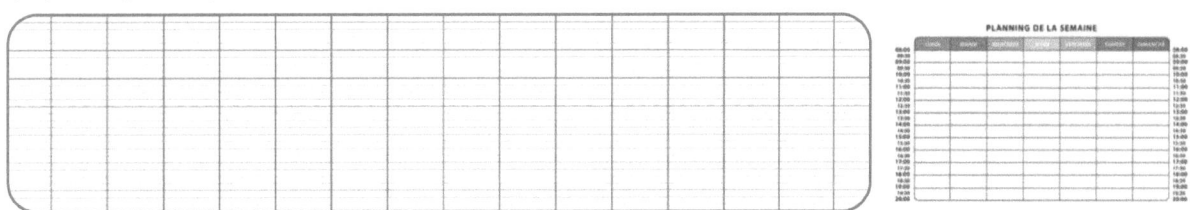

⑤ JE TROUVE LE MILIEU DE CHAQUE SEGMENT À L'AIDE D'UNE RÈGLE.

a ————————————————

b ————————————————

c ——————————————————————

d ————————————————

⑥ J'EFFECTUE CES DIVISIONS.

a) 12 paires de baskets ÷ 2 = ... paires de baskets

b) 18 écharpes ÷ 2 = ... écharpes

c) 14 pyjamas ÷ 2 = ... pyjamas

d) 6 jeans ÷ 2 = ... jeans

e) 10 ceintures ÷ 2 = ... ceintures

f) 8 anoraks ÷ 2 = ... anoraks

⑦ JE DIVISE PAR 2 LE NOMBRE DES CARRÉS, PUIS JE COMPTE (VOIR L'EXEMPLE).

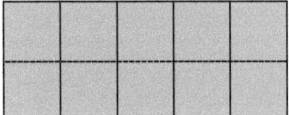

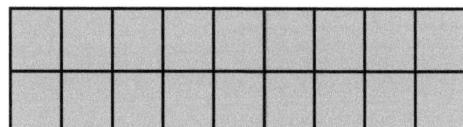

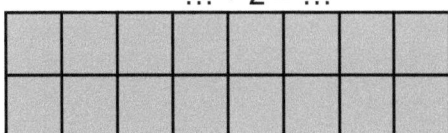

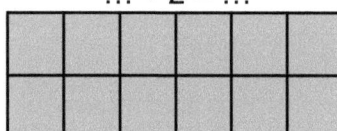

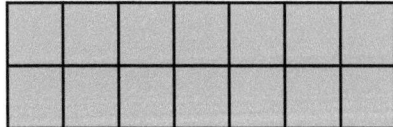

⑧ JE CALCULE LES DIVISIONS SUIVANTES.

6 | 2
... |

4 | 2
... |

10 | 2
... |

12 | 2
... |

14 | 2
... |

16 | 2
... |

⑨ JE DIVISE LES SOMMES SUIVANTES PAR 2.

14 | 2

10 | 2

16 | 2

2 | 2

12 | 2

20 | 2

18 | 2

6 | 2

8 | 2

LA MULTIPLICATION ET LA DIVISION

① JE RÉVISE.

2 fois 0 = ...   2 fois 3 = ...   2 fois 6 = ...   2 fois 9 = ...
2 fois 1 = ...   2 fois 4 = ...   2 fois 7 = ...   2 fois 10 = ...
2 fois 2 = ...   2 fois 5 = ...   2 fois 8 = ...

20 divisé par 2 = ...   10 divisé par 2 = ...
18 divisé par 2 = ...   8 divisé par 2 = ...
16 divisé par 2 = ...   6 divisé par 2 = ...
14 divisé par 2 = ...   4 divisé par 2 = ...
12 divisé par 2 = ...   2 divisé par 2 = ...

② JE RÉSOUS LES PROBLÈMES SUIVANTS.

(A). Éric et Loane ont chacun **8 tablettes de chocolat**. Combien en ont-ils ensemble ?

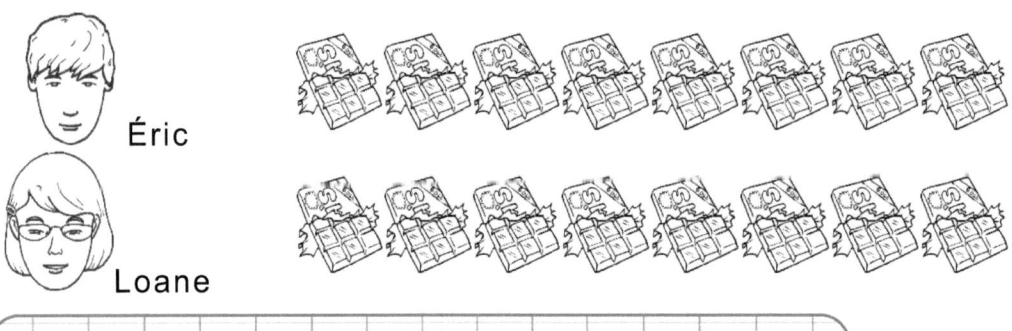

(B). Johann et Kader se partagent également **18 paires de ciseaux**. Combien chacun en a-t-il ?

Johann   Kader

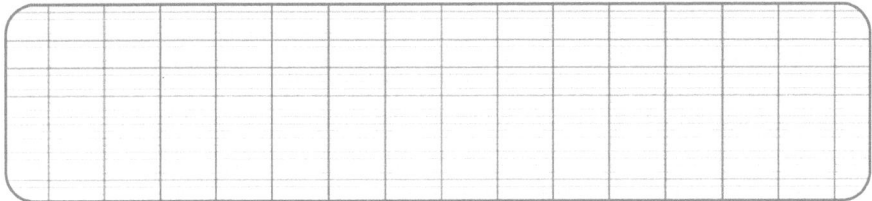

(C). Pour décorer la chambre de mon fils, j'ai acheté **2 tableaux** mesurant **7 mètres chacun**. Combien mesurent les deux cadres ensemble ?

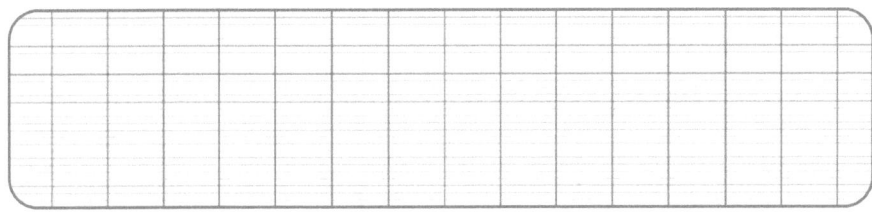

(D). **Deux boîtes d'allumettes** coûtent ensemble **14 centimes**. Combien coûte chaque boîte ?

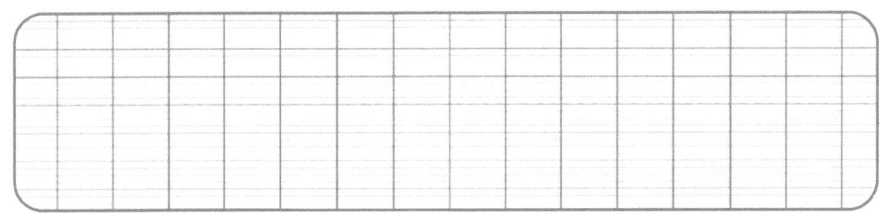

(E). **Deux seaux** contiennent chacun **5 litres d'eau**. Combien de litres d'eau contiennent les deux seaux ensemble ?

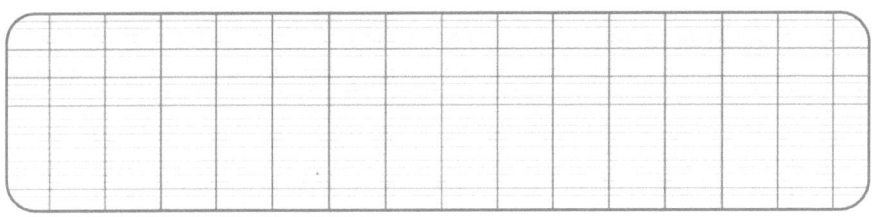

(F). **Deux familles** se partagent également un réservoir de **18 litres d'eau**. Combien de litres d'eau reçoit chaque famille ?

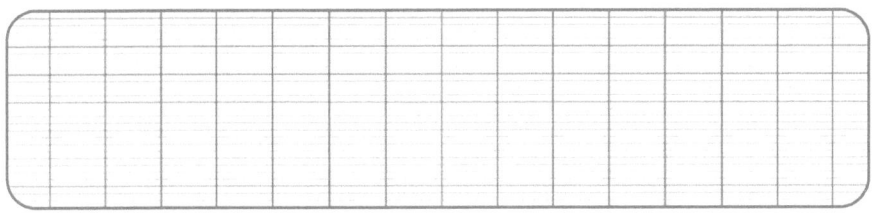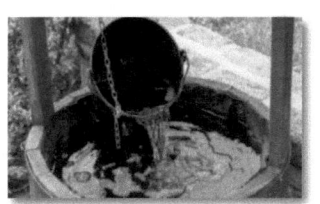

(G). Quelle est **la moitié** d'un tissu qui mesure **14 mètres** de long ?

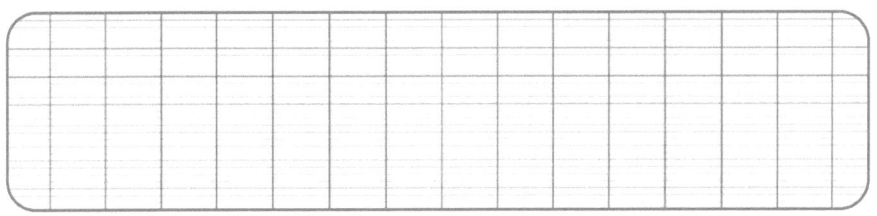

③ J'EFFECTUE CES OPÉRATIONS.

9	3	1	5	4
× 2	× 2	× 2	× 2	× 2
...	...	...	...	...

2	6	8	7	1 0
× 2	× 2	× 2	× 2	× 2
...	...	...	...	...

10 | 2   12 | 2   2 | 2   6 | 2   18 | 2
...   .

8 | 2   16 | 2   14 | 2   4 | 2   20 | 2
...   .

---

12 ÷ 2 = ...	5 × 2 = ...	10 × 2 = ...
6 ÷ 2 = ...	7 × 2 = ...	14 ÷ 2 = ...
18 ÷ 2 = ...	2 × 2 = ...	8 × 2 = ...
16 ÷ 2 = ...	6 × 2 = ...	8 ÷ 2 = ...

DIVISER PAR 2 : LE RESTE

① JE RÉVISE LA TABLE DE MULTIPLICATION PAR 2.

2 x 1 = <u>2</u>   2 x 3 = ...   2 x 5 = ...   2 x 7 = ...   2 x 9 = ...

2 x 2 = ...   2 x 4 = ...   2 x 6 = ...   2 x 8 = ...   2 x 10 = ...

3 + 3 **ou** 2 x 3 = 6	7 + 7 *ou* ... x ... = ...	4 + 4 *ou* ... x ... = ...
5 + 5 *ou* ... x ... = ...	9 + 9 *ou* ... x ... = ...	6 + 6 *ou* ... x ... = ...
1 + 1 *ou* ... x ... = ...	8 + 8 *ou* ... x ... = ...	2 + 2 *ou* ... x ... = ...

② JE PARTAGE ÉGALEMENT 17 LIVRES ENTRE 2 ÉLÈVES.

2 fois 8 = 16

2 fois 9 = 18

17, c'est **2 fois 8** et **il reste 1**.

On écrit :
```
  1 7 | 2
-  1 6 | 8
    0 1 |
```

On dit : **17 contient 8 fois 2.**
8 fois 2 = 16.
17 − 16 = 1.
<u>Il reste 1</u>.

③ JE PARTAGE 13 ŒUFS DE PÂQUES ENTRE 2 AMIS :

```
    1 3 | 2
-  ... ... | ...
      ...
```

④ JE PARTAGE 19 TÉLÉSCOPES ENTRE 2 AMIS :

```
  1  9 | 2
-  … … |___
   …   | …
```

⑤ JE PARTAGE 15 CASQUETTES ENTRE 2 AMIS :

```
  1  5 | 2
-  … … |___
   …   | …
```

⑥ J'ÉCRIS LES NOMBRES DE 2 À 19. ENSUITE, J'ENTOURE LES NOMBRES QUI NE SONT PAS DANS LA TABLE DE MULTIPLICATION PAR 2.

………………………………………………………………………………………

………………………………………………………………………………………

………………………………………………………………………………………

………………………………………………………………………………………

⑦ JE DIVISE 9 PAR 2. COMBIEN DE FOIS CONTIENT-IL 2 ? COMBIEN RESTE-T-IL ?

```
   9 | 2
-  … |___
   … |
```

9 divisé par 2 contient … fois 2.
Il reste …

⑧ JE DIVISE 13 PAR 2. COMBIEN DE FOIS CONTIENT-IL 2 ? COMBIEN RESTE-T-IL ?

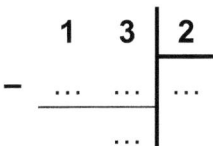

13 divisé par 2 contient ... fois 2.
Il reste ...

⑨ J'UTILISE LA TABLE DE MULTIPLICATION PAR 2 POUR COMPLÉTER LES OPÉRATIONS.

2, c'est 1 fois 2.

16, c'est ... fois 2.

18, c'est ... fois 2.

3, c'est 1 fois 2 et il reste 1.

11, c'est 5 fois 2 et il reste ...

19, c'est ... fois 2 et il reste ...

13, c'est 6 fois 2 et il reste 1.

15, c'est ... fois 2 et il reste ...

17, c'est ... fois 2 et il reste ...

⑩ JE RÉSOUS LES PROBLÈMES SUIVANTS.

(A). On veut partager également **15 fraises** entre Jules et Nathan.
Combien chacun aura-t-il de fraises ?
Restera-t-il des fraises ? Si oui, combien ?

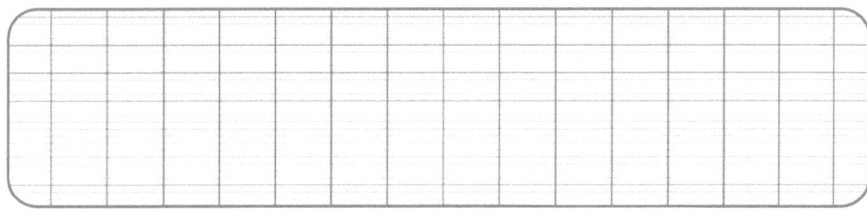

(B). Je coupe **en 2 morceaux égaux** de bois de **18 cm**.
Quelle sera la longueur de chaque morceau ?

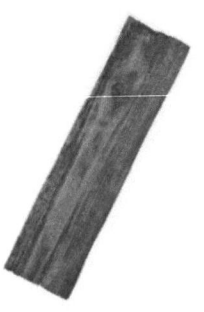

(C). J'écris **3 nombres pairs**. Je divise ces nombres **par 2**.
Y a-t-il un reste ?
Quel est ce reste ?

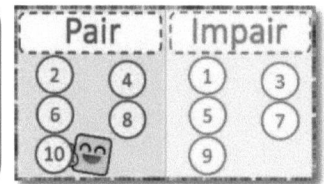

(D). Je divise **15 par 2**.
Y a-t-il un reste ?

(F). J'écris **3 nombres impairs**. Ensuite, je divise ces nombres **par 2**.
Y a-t-il un reste ?
Quel est ce reste ?

⑪ J'EFFECTUE LES OPÉRATIONS SUIVANTES.

```
 1 4 | 2        1 7 | 2        1 1 | 2        1 5 | 2
- ... ... |...  - ... ... |...  - ... ... |...  - ... ... |...
    ...  ...       ...  ...       ...  ...       ...  ...
```

1 3	2		1 9	2		1 6	2		1 2	2
−	...		−	...		−	...		−	...
... ...			... ...			... ...			... ...	

⑫ JE COMPLÈTE.

13 = (6 × 2) + 1   17 = (... × 2) + 1   9 = (... × 2) + 1

11 = (... × 2) + 1   19 = (... × 2) + 1   15 = (... × 2) + 1

⑬ J'ENTOURE EN ROUGE ET EN VERT LES DESSINS SUIVANTS EN CONSTITUANT DEUX GROUPES DIFFÉRENTS. Y A-T-IL UN RESTE ? SI, OUI... POURQUOI ?

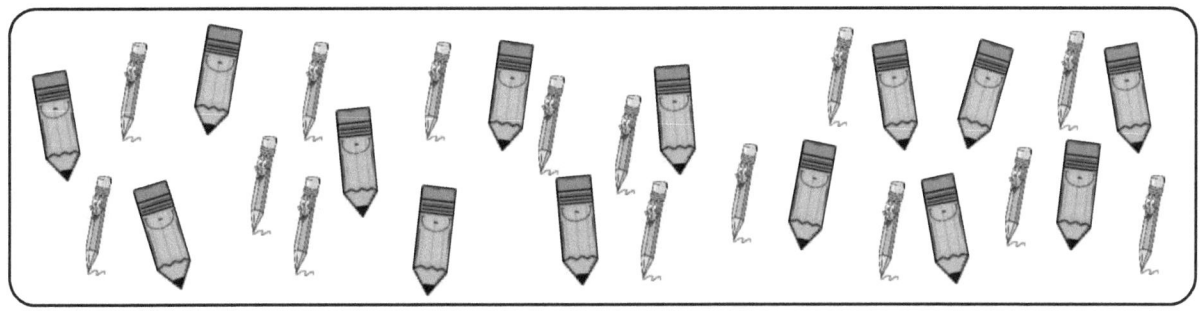

L'ADDITION : NOMBRES < À 100

① J'AJOUTE 5 AUX NOMBRES SUIVANTS :

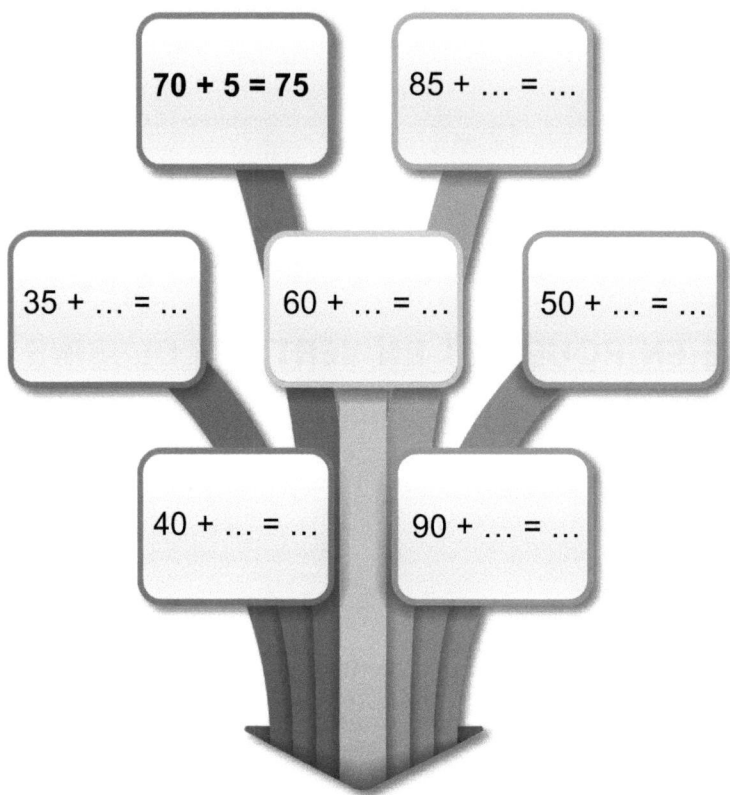

② JE CALCULE CES ADDITIONS :

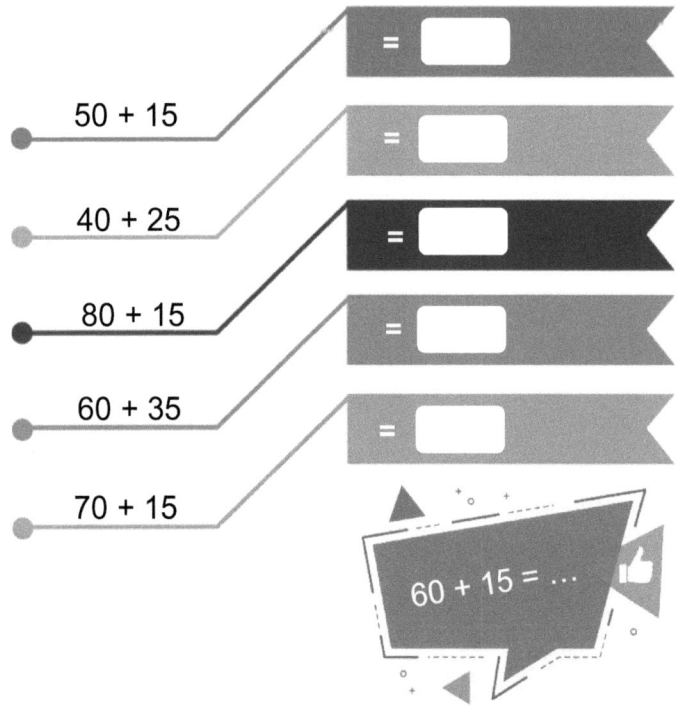

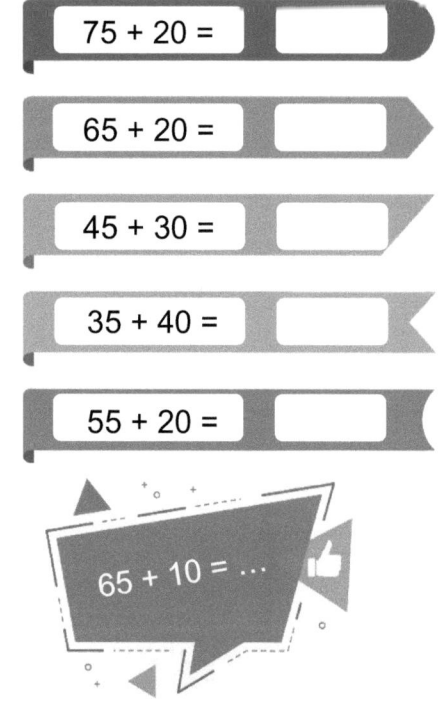

③ JE RÉSOUS LES PROBLÈMES SUIVANTS.

(A). Émilie a **35 €** dans sa poche et **45 €** dans son portefeuille. En tout, Émilie a ... euros.

35€ dans la poche	45€ dans le portefeuille	Dans la poche **et** Dans le portefeuille

(B). Un camionneur parcourt **27 km** le lundi, **23 km** le mardi et **49 km** le mercredi. <u>Combien de kilomètres aura-t-il parcourus, en tout ?</u>

Lundi	Mardi	Mercredi	Les km parcourus pendant ces **trois jours**
27 km parcourus	23 km parcourus	49 km parcourus	

(C). Un chef d'entreprise réunit dans une grande salle tous ses salariés : **38 femmes** et **36 hommes**. <u>Combien le chef d'entreprise a-t-il réuni d'employés dans cette salle ?</u>

Dans la grande salle, il y a :		**Ensemble**, il y a :
38 femmes	36 hommes	

LA SOUSTRACTION : NOMBRES < À 100

① JE SOUSTRAIS 5 DES NOMBRES SUIVANTS :

7 – <u>5</u> = <u>2</u>   36 – ... = ...   64 – ... = ...

15 – ... = ...   48 – ... = ...   83 – ... = ...

27 – ... = ...   59 – ... = ...   72 – ... = ...

② J'APPRENDS À SOUSTRAIRE.

Mon père a rempli un tonneau avec **80 litres de vin**. Mon oncle en tire **45 litres**. Que reste-t-il dans le tonneau ?

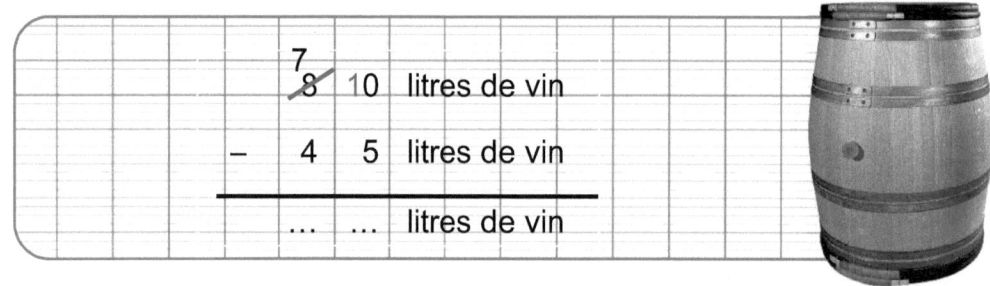

	7		
	8̸	10	litres de vin
–	4	5	litres de vin
	...	...	litres de vin

1ère étape :

- Je compte : $0 - 5$. C'est **impossible**, car 0 est plus petit que 5 .
- J'ai besoin d'une retenue .
- Je rajoute 1 dizaine à 0 . Cela fait 10 .
- Je « casse » la dizaine 8 , cela fait 8̸ .
- Je mets un 7 à la place de 8.

2ème étape :

- Maintenant, je soustrais **les unités** : $10 - 5 = 5$.
- Ensuite, je soustrais **les dizaines** : $7 - 4 = 3$.
- Résultat : **35**

③ JE MONTRE À MON ENSEIGNANT QUE J'AI BIEN APPRIS.

▶ **Catherine a 87 € et Anaïs a 75 €.**

a) Qui possède le plus d'argent ?

....

b) Combien possède-t-elle d'argent de plus que sa copine ?

....

④ JE RÉSOUS LES PROBLÈMES SUIVANTS.

(A). Émil avait **94 €**. Il a dépensé **27 €**. Combien lui en reste-t-il ?

Au début : Émil avait 94 €.	Après : Il a dépensé 27 €.	Combien en a-t-il, maintenant ?
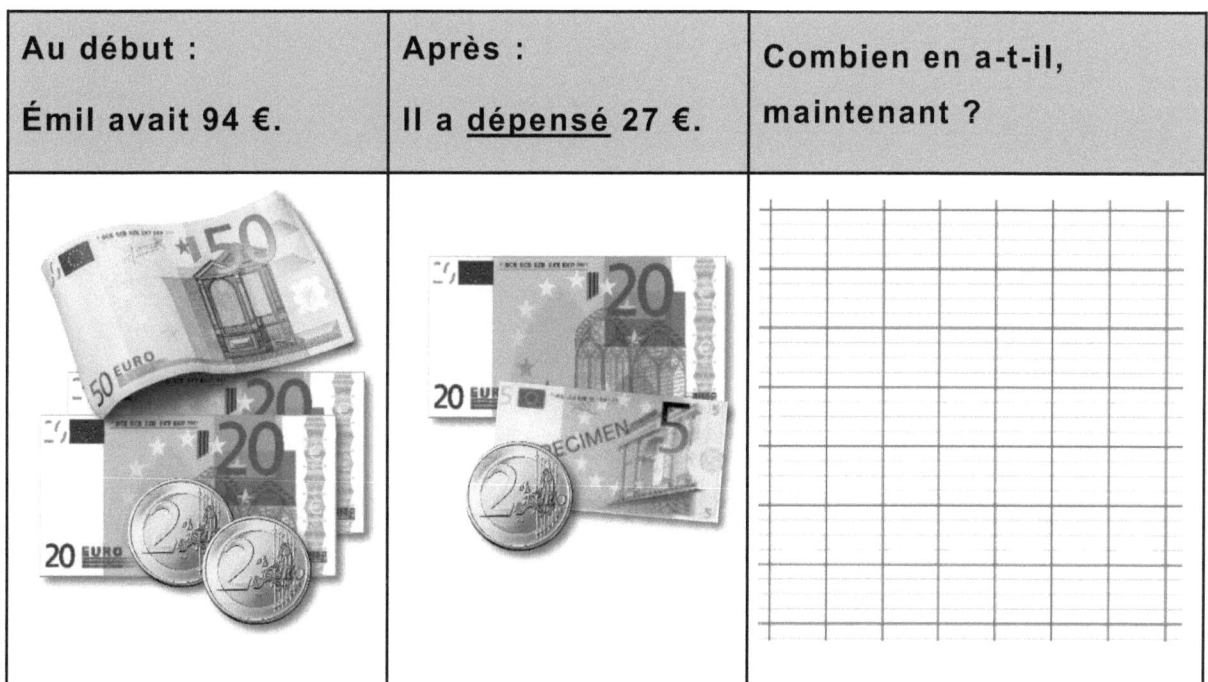		

a) Combien Émil avait-il au début ? Il avait ……… euros.

b) Combien a-t-il dépensé ? Il a dépensé ……… euros

c) Je dois faire ☐ une addition   ☐ une soustraction

d) Pour calculer, je fais : 94 € – 27 € = … €

(B). Sarah réfléchit à un problème. **A-t-elle raison ?**

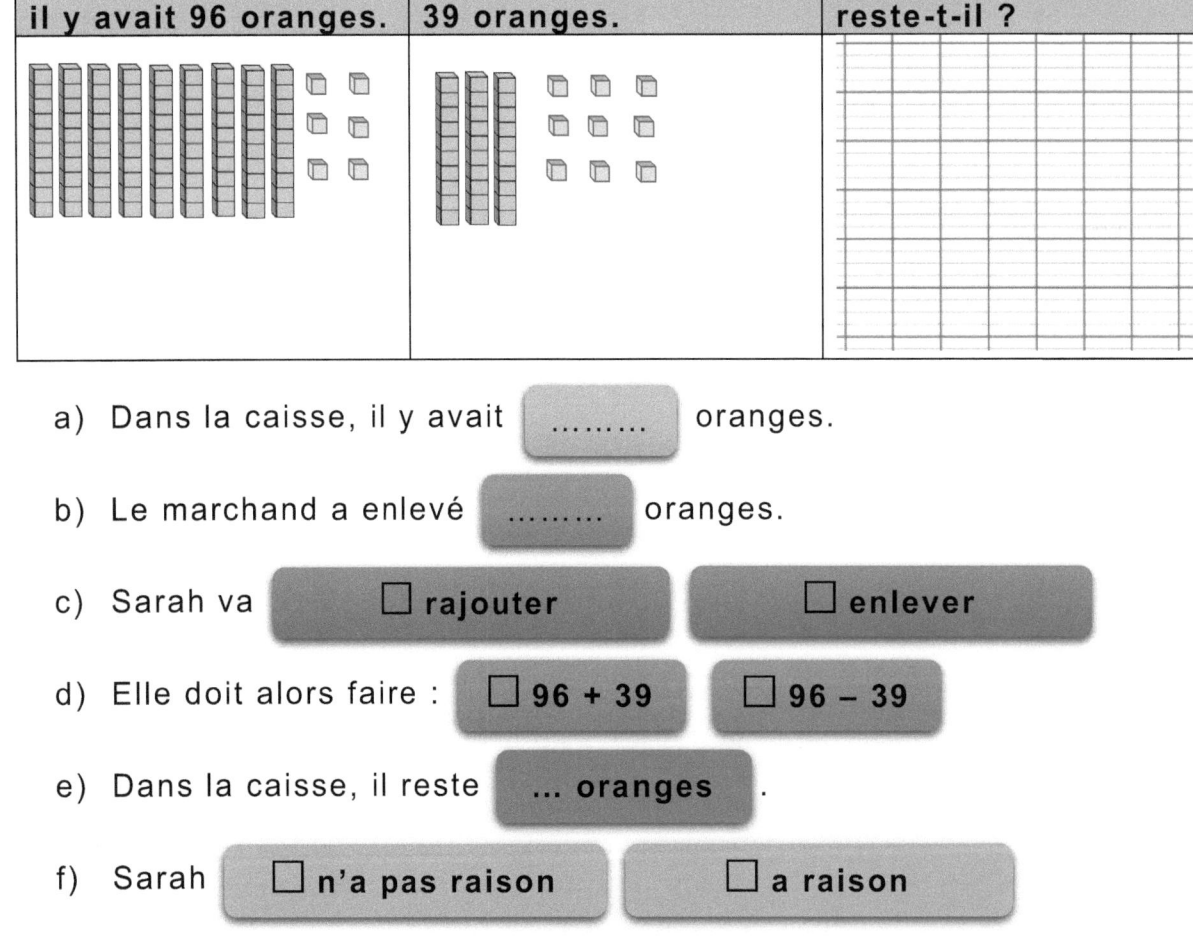

Dans la caisse, il y avait 96 oranges.	Le marchand a enlevé 39 oranges.	Combien d'oranges reste-t-il ?

a) Dans la caisse, il y avait .... oranges.

b) Le marchand a enlevé .... oranges.

c) Sarah va ☐ rajouter ☐ enlever

d) Elle doit alors faire : ☐ 96 + 39 ☐ 96 − 39

e) Dans la caisse, il reste ... oranges .

f) Sarah ☐ n'a pas raison ☐ a raison

(C). Un rasoir électrique valait **93 €**. Son prix a diminué de **5 €**. <u>Quel est le nouveau prix de ce rasoir maintenant ?</u>

Prix initial	Prix avec réduction	Le nouveau prix :
93 €	− 5 € de réduction	

a) Quel était le prix du rasoir au début ?

Le prix initial du rasoir électrique était de ……… euros.

b) De combien est la remise ?

La remise est de ……… euros.

c) Après la réduction, quel est le nouveau prix du rasoir électrique ?

À la fin, le rasoir coûtera ……… euros.

(D). Céline mesure **86 cm** et Matthieu mesure **78 cm**. Céline mesure … centimètres de plus que Matthieu.

Céline = 86 cm	Matthieu = 78 cm	La « différence » de taille entre Matthieu et Céline est de :

86 cm	78 cm	86 78
		  8 6
		− 7 8
		  . .

83

⑤ JE POSE ET EFFECTUE LES OPÉRATIONS SUIVANTES.

85 € − 38 € =

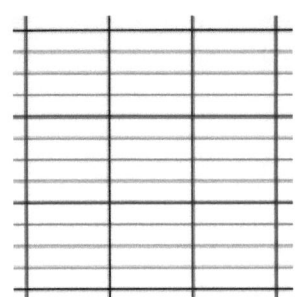

78 € − 29 € =

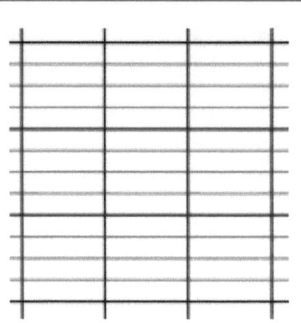

73 € − 48 € =

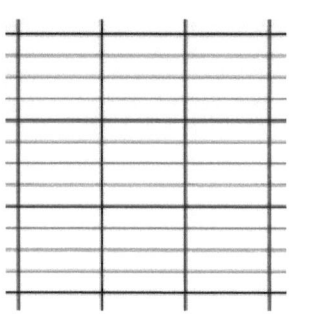

52 € − 17 € =

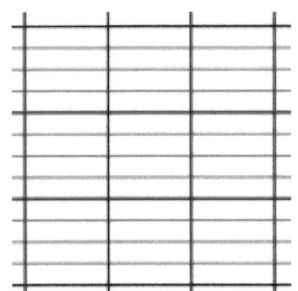

97 € − 79 € =

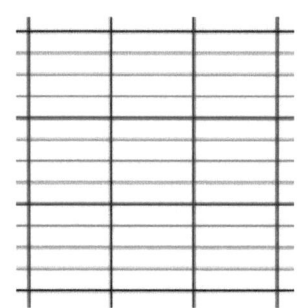

64 € − 28 € =

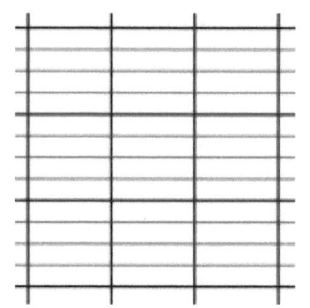

72 cm − 39 cm =

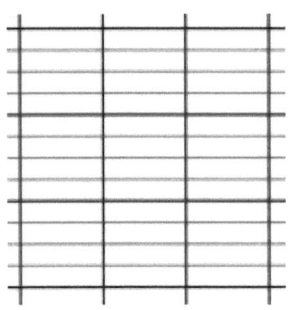

81 cm − 57 cm =

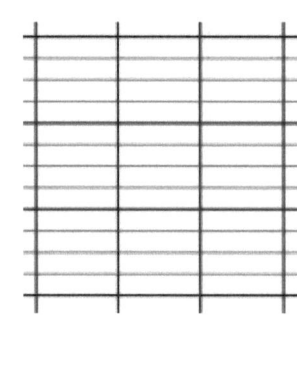

60 cm − 17 cm =

LE BILLET DE 100 €

① JE CHOISIS LES NOMBRES CONVENABLES POUR FAIRE UNE SOUSTRACTION.

72 cm   96 m   84 €   27 m   28 cm   17 €

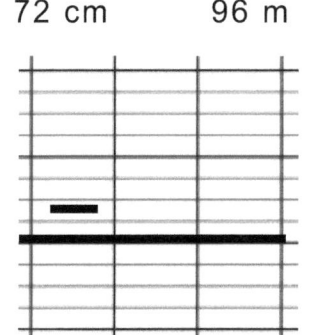 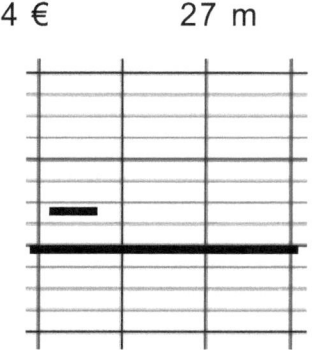 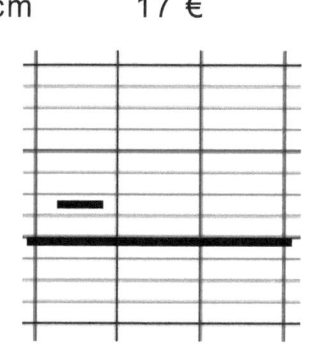

② JE COMPTE PAR DIZAINES DE 10 À 100.

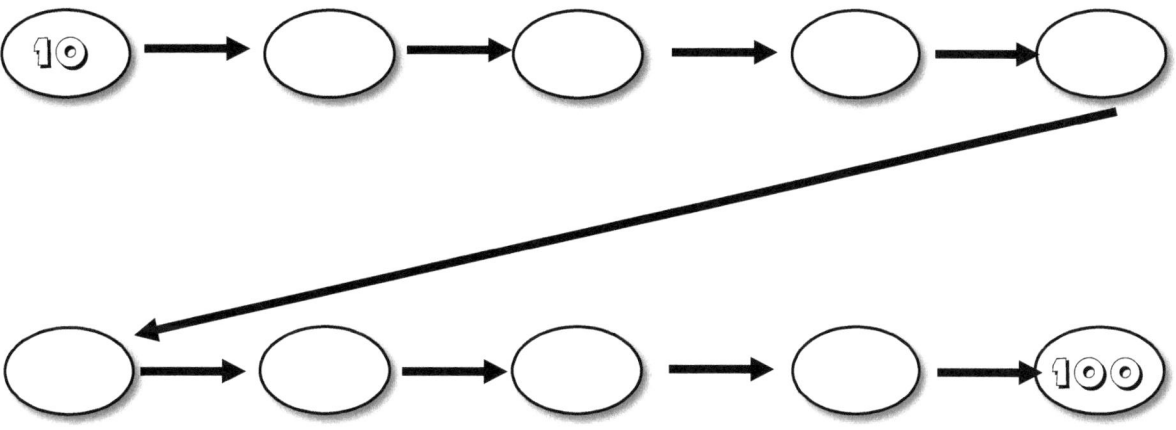

③ JE COMPTE PAR DIZAINES DE 100 À 10.

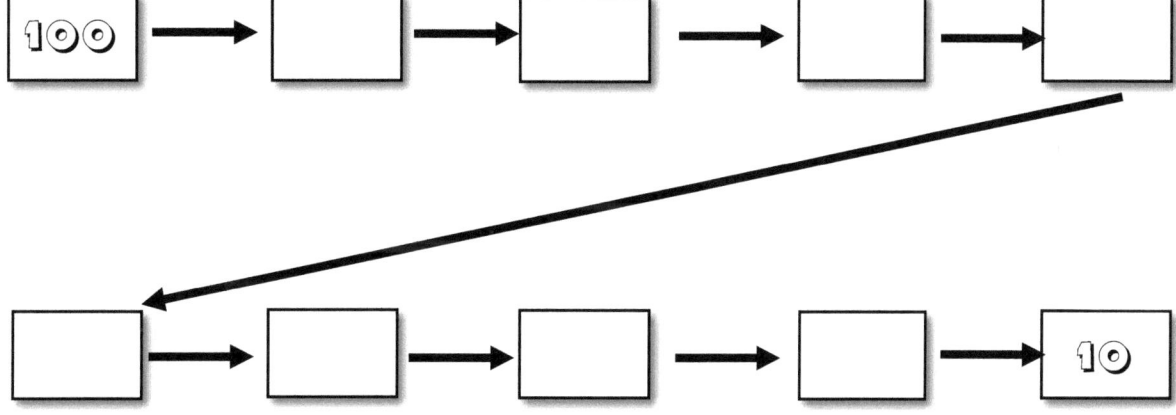

④ JE COMPTE PAR 5 DE 5 À 100.

⑤ JE COMPTE PAR 5 DE 100 À 5.

  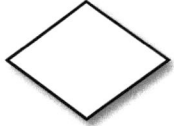 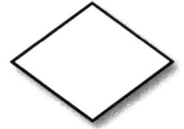 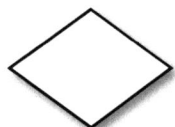

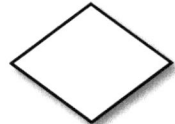 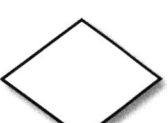 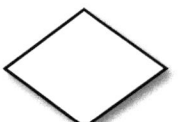 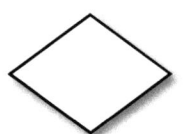 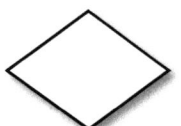

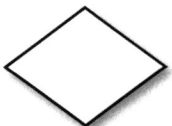 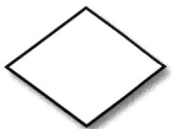 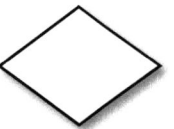 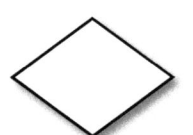 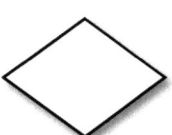

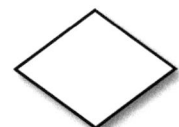 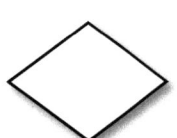 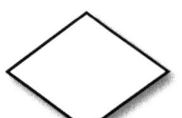 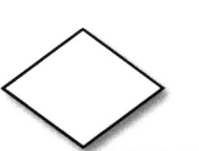 

⑥ JE DÉCOUVRE LA CENTAINE.

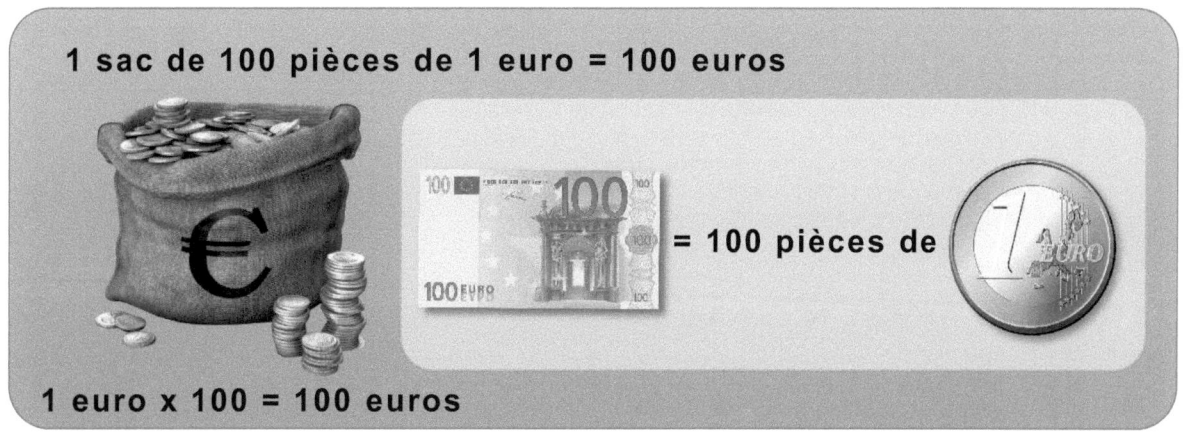

1 euro x 100 = 100 euros

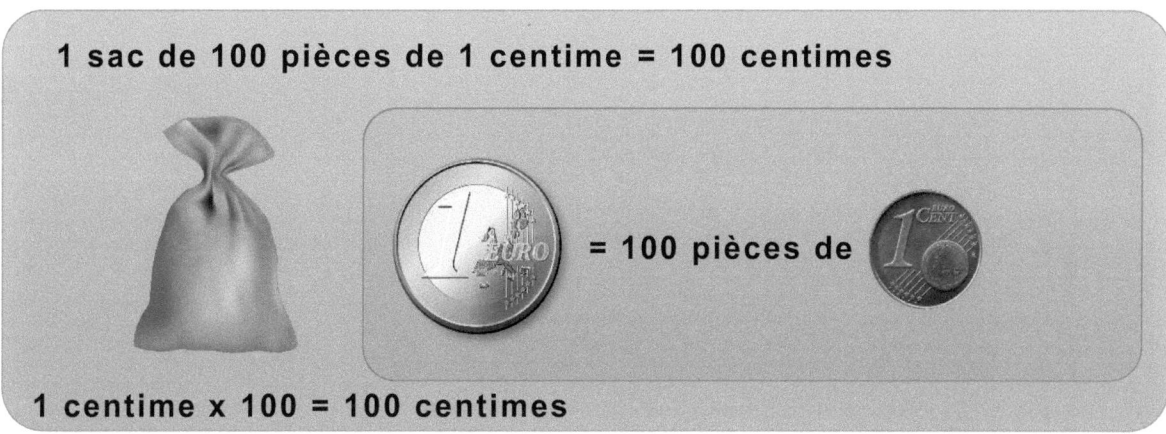

1 centime x 100 = 100 centimes

JE COMPTE, PUIS JE COMPLÈTE.

... BILLETS DE 10 EUROS

... BILLETS DE 20 EUROS

⑦ JE COMPLÈTE.

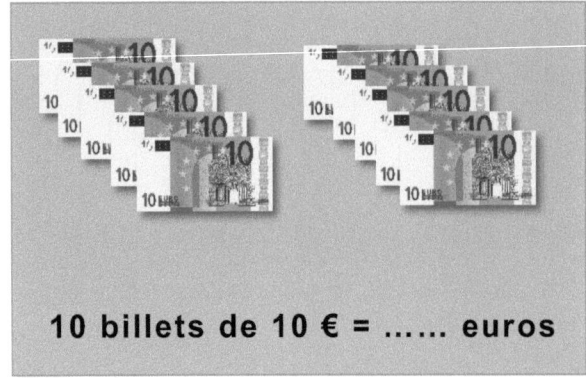

10 billets de 10 € = ... euros

5 billets de 20 € = ... euros

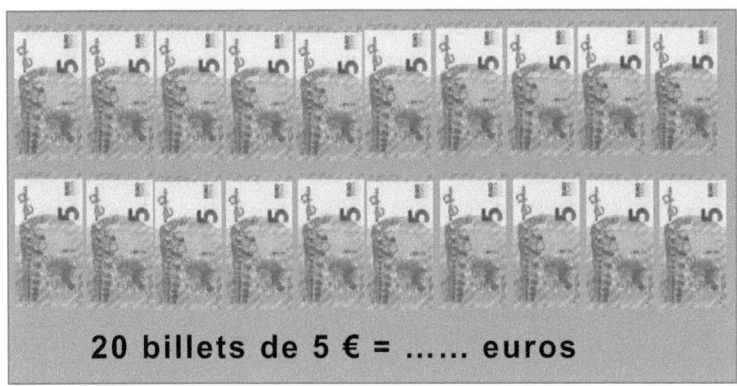

20 billets de 5 € = ... euros

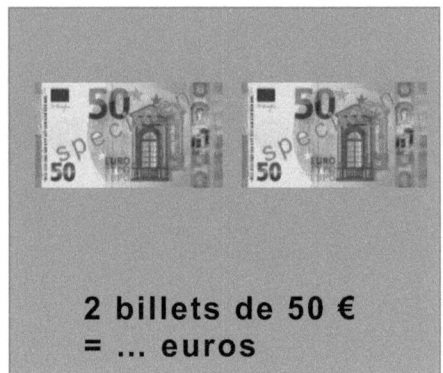

2 billets de 50 € = ... euros

⑧ JE LIS ET RÉFLÉCHIS.

Problème 1   À la poissonnerie, Marie achète un kilo de dorade qui coûte **35 €** et une assiette de fruits de mer au prix de **65 €**.

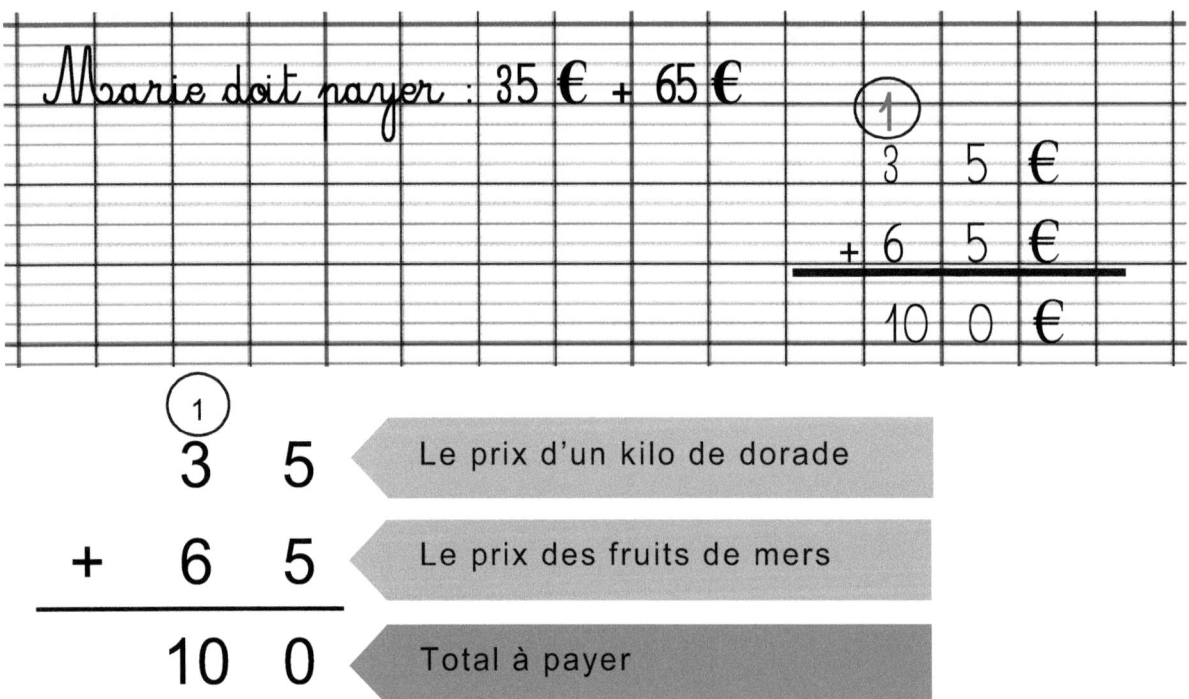

Problème 2   Elsa dépense **78 €**. Elle paie avec un billet de **100 €**.

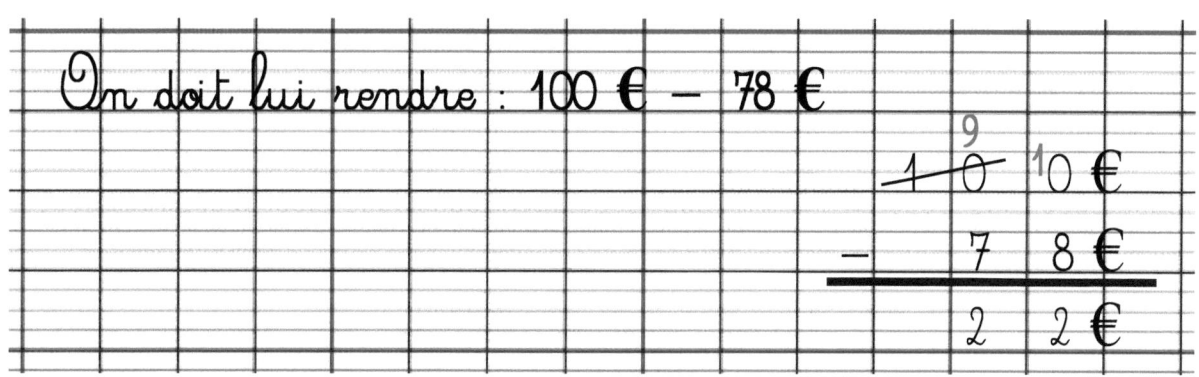

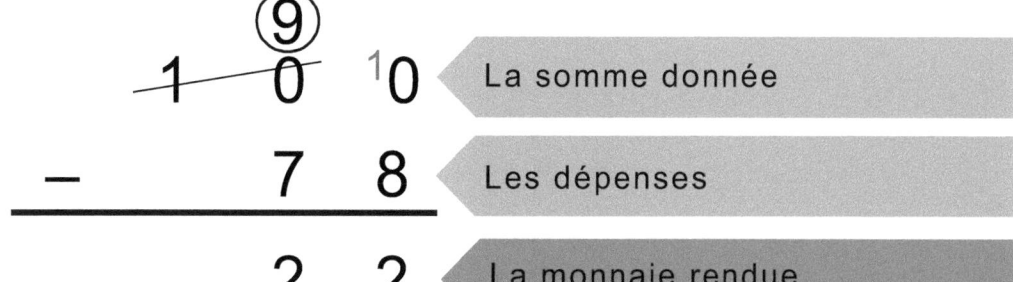

⑨ JE DESSINE LES SOMMES DEMANDÉES.

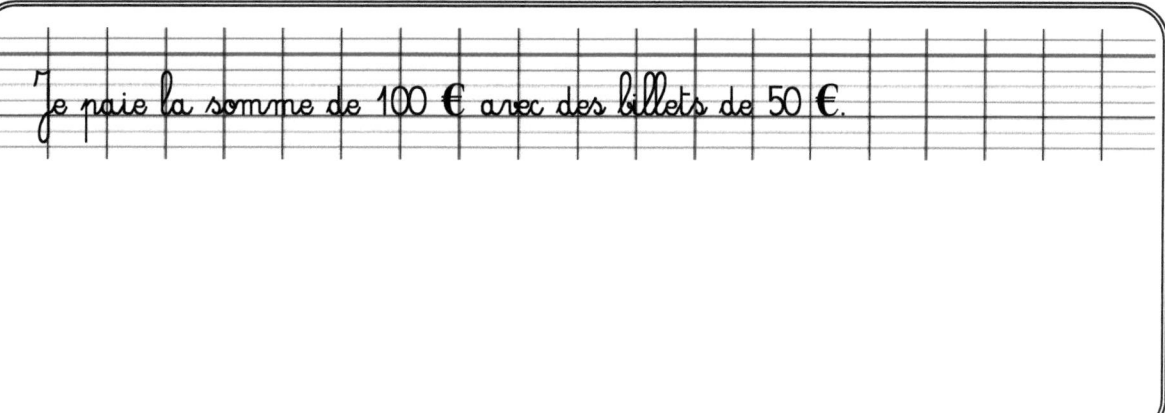

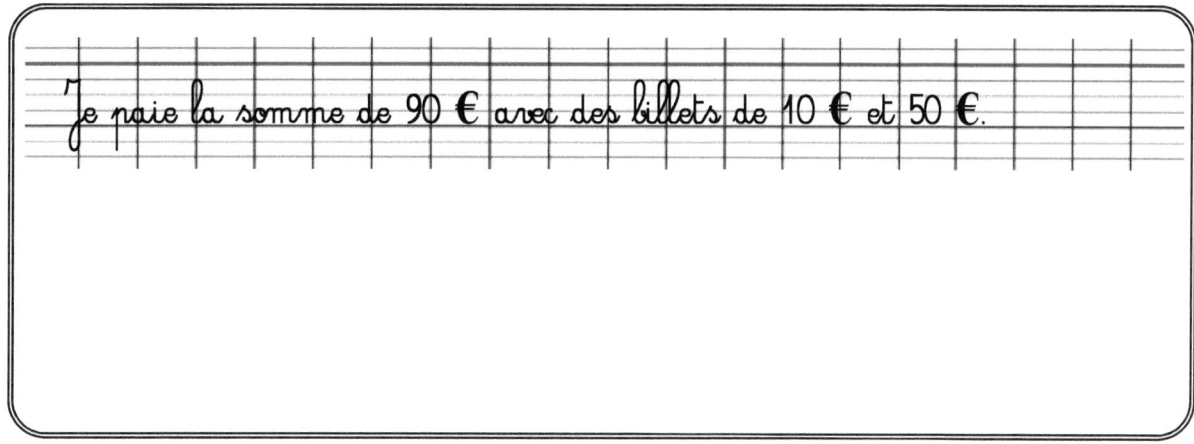

Émilie paie 82 € avec des billets de 10 € et des pièces de 1 €.

Alexandre paie 73 € avec des billets de 10 € et des pièces de 1 €.

Julien paie 96 € avec des billets de 10 € et des pièces de 1 €.

Céline paie 95 € avec des billets de 50 €, de 10 € et de 5 €.

⑩ POSSIBLE OU IMPOSSIBLE ? JE COCHE LA BONNE RÉPONSE.

Je paie 50 c avec une pièce de 10 c et deux pièces de 20 c.
- ☐ POSSIBLE.
- ☐ IMPOSSIBLE.

Je paie 1 € avec une pièce de 50 c et cinq pièces de 10 c.
- ☐ POSSIBLE.
- ☐ IMPOSSIBLE.

Je paie 1,20 € avec deux pièces de 50 c et deux pièces de 10 c.
- ☐ POSSIBLE.
- ☐ IMPOSSIBLE.

Je paie 1,60 € avec trois pièces de 50 c et une pièce de 20 c.
- ☐ POSSIBLE.
- ☐ IMPOSSIBLE.

⑪ JE RÉSOUS LES PROBLÈMES SUIVANTS.

(A). Émeric achète un vélo d'occasion qui coûte **79 €** et un casque au prix de **21 €**. Combien Émeric a-t-il payé en tout ?

Émeric a payé ____ € en tout.

(B). Amélie dépense **73 €**. Elle paie avec **deux billets de 50 €**. Combien lui a-t-on rendu d'argent ?

Amélie a reçu ____ €.

(C). Nicole doit parcourir **100 km** avec son véhicule. Elle a déjà parcouru **45 km**. Combien de kilomètres lui reste-t-il encore à parcourir ?

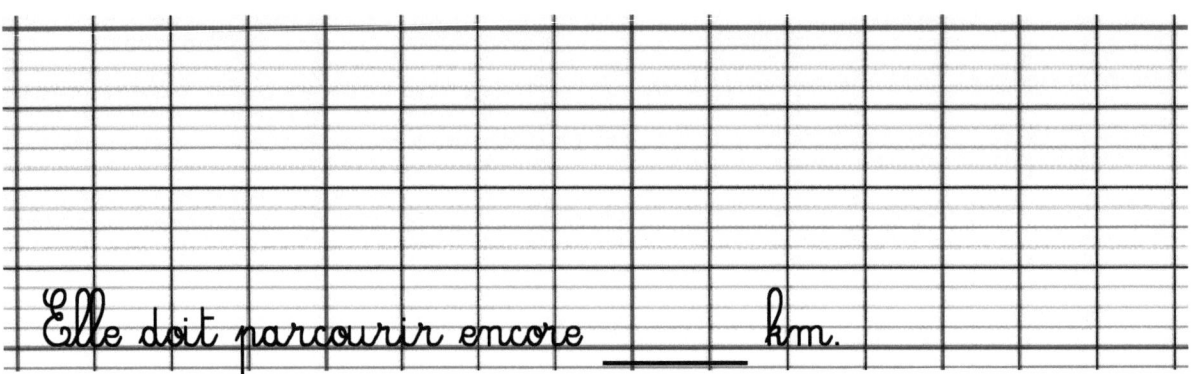

Elle doit parcourir encore ____ km.

(D). Pour m'entraîner au Tour de France, je parcours **25 km** par jour. Combien de kilomètres parcourrai-je en 4 jours ?

En 4 jours, je parcourrai ____ km.

⑫ J'EFFECTUE CES OPÉRATIONS.

```
    3  6  litres         1  3  mètres        6  2  euros
+   6  4  litres     +   8  7  mètres    +   3  8  euros
   _____           _____          _____
   ..  .  litres        ..  .  mètres        ..  .  euros


   1  0  0  euros       1  0  0  litres      1  0  0  mètres
-     7  1  euros    -     4  6  litres   -     6  5  mètres
   _____       _____      _____
   .  .  .  euros       .  .  .  litres      .  .  .  mètres
```

LA CENTAINE : LE COMPLÉMENT À 100

① JE COMPTE PAR DIZAINES, JUSQU'À 90.

10 km/h — 20 km/h — ... km/h — ... km/h — ... km/h

... km/h — ... km/h — ... km/h — 90 km/h — STOP

② JE TROUVE LE COMPLÉMENT À 10.

4 + ... = 10   3 + ... = 10

8 + ... = 10   1 + ... = 10

6 + ... = 10   7 + ... = 10

9 + ... = 10   7 + ... = 10   8 + ... = 10

1 + ... = 10   3 + ... = 10   2 + ... = 10

③ JE TROUVE LE COMPLÉMENT À 100.

10 + ... = 100
20 + ... = 100
30 + ... = 100
40 + ... = 100
50 + ... = 100
60 + ... = 100
70 + ... = 100
80 + ... = 100
90 + ... = 100

10 + …… = 100	1 dizaine + … dizaines = 1 centaine
40 + …… = 100	4 dizaines + … dizaines = 1 centaine
30 + …… = 100	3 dizaines + … dizaines = 1 centaine
60 + …… = 100	6 dizaines + … dizaines = 1 centaine
50 + …… = 100	5 dizaines + … dizaines = 1 centaine
80 + …… = 100	8 dizaines + … dizaines = 1 centaine
70 + …… = 100	7 dizaines + … dizaines = 1 centaine
20 + …… = 100	2 dizaines + … dizaines = 1 centaine

④ JE RÉSOUS LES PROBLÈMES SUIVANTS.

(A). Je donne **100 €** pour payer **10 €**. Combien me rend-on ?

100 € − 10 € = ... €   On me rend ... euros.

(B). Je donne **100 €** pour payer **20 €**. Combien me rend-on ?

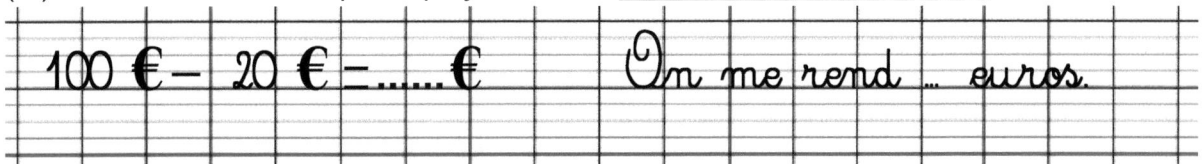
100 € − 20 € = ... €   On me rend ... euros.

(C). Je donne **100 €** pour payer **60 €**. Combien me rend-on ?

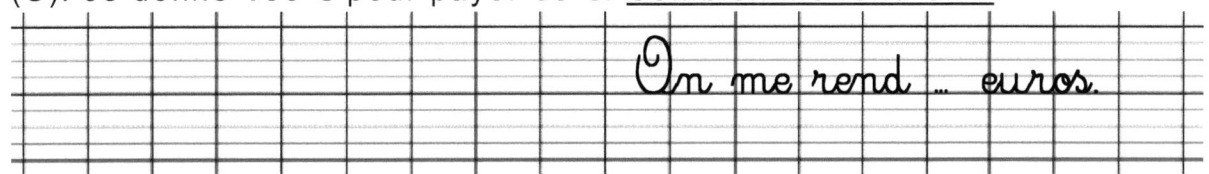
On me rend ... euros.

(D). Je donne **100 €** pour payer **55 €**. Combien me rend-on ?

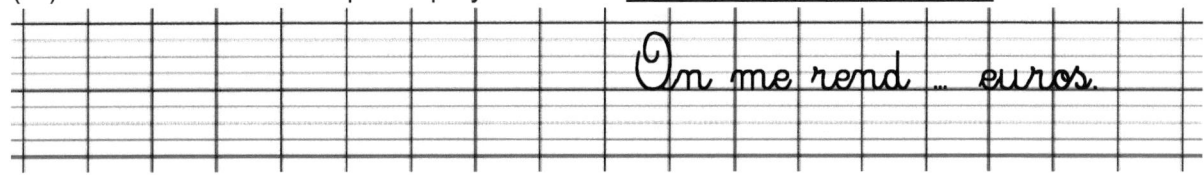
On me rend ... euros.

(E). Je donne **100 €** pour payer **62 €**. Combien me rend-on ?

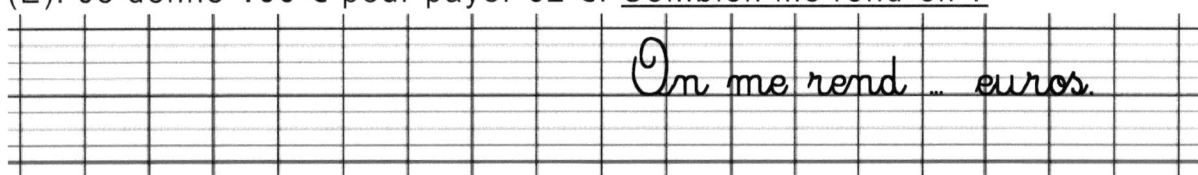
On me rend ... euros.

(F). Je donne **100 €** pour payer **49 €**. Combien me rend-on ?

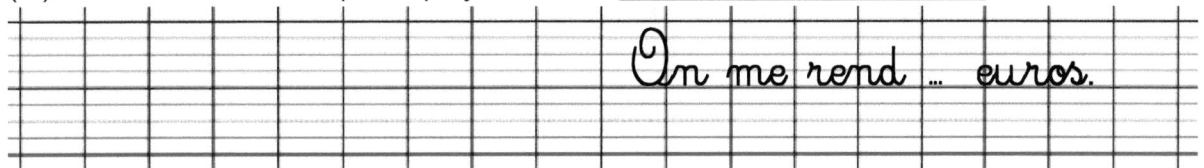
On me rend ... euros.

(G). Je donne **100 €** pour payer **73 €**. Combien me rend-on ?

On me rend ... euros.

⑤ JE RÉSOUS LES PROBLÈMES SUIVANTS.

Problème n° 1
Pour participer à un concours, je dois réunir **100 images**, en tout. J'ai déjà **65 images**. <u>Combien m'en faut-il encore ?</u>

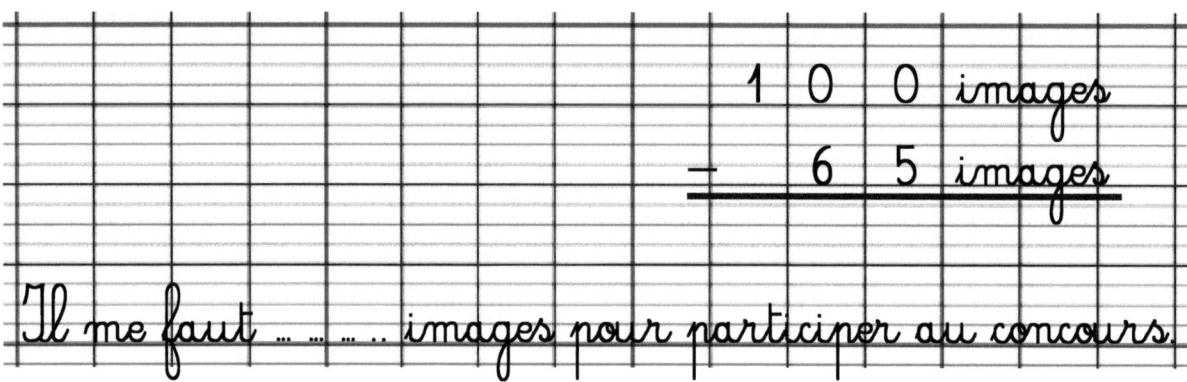

Problème n° 2
Une crémière rapporte du marché **18 fromages**. Elle en avait emporté **100**. <u>Combien a-t-elle vendu de fromages ?</u>

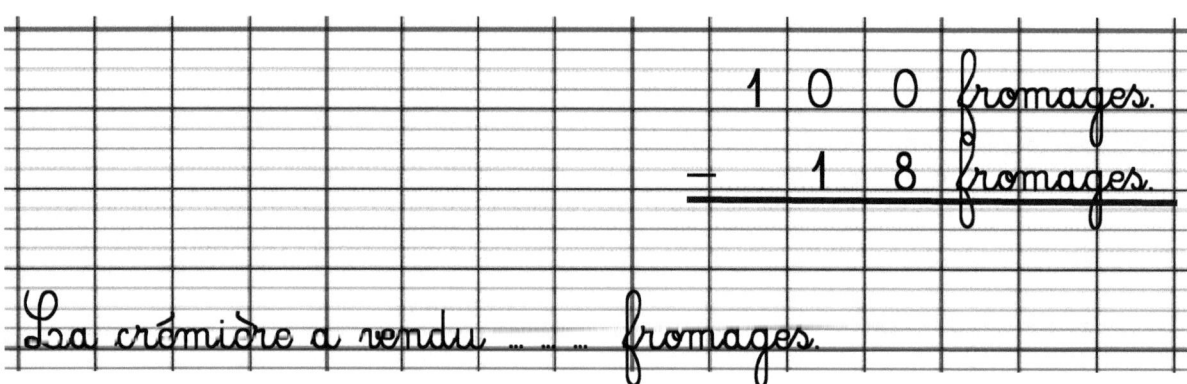

Problème n° 3
J'ai un fil de fer de **100 mètres**. Il ne me reste que **26 mètres**. <u>Quelle longueur ai-je utilisée ?</u>

Problème n° 4
Marianne veut mettre en bouteilles de **1 litre** le vin d'un tonneau de **100 litres**. Elle n'a que **68 bouteilles**. Combien lui manque-t-il de bouteilles ?

Il lui manque … … bouteilles.

⑥ JE POSE ET EFFECTUE LES OPÉRATIONS SUIVANTES :

| 100 € − 86 € = | 100 € − 53 € = | 100 € − 61 € = |

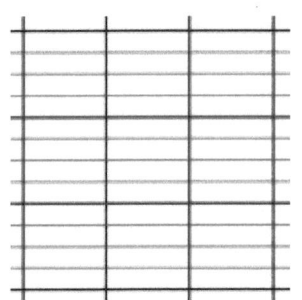 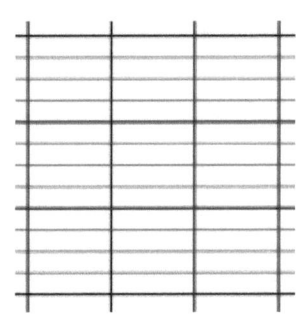 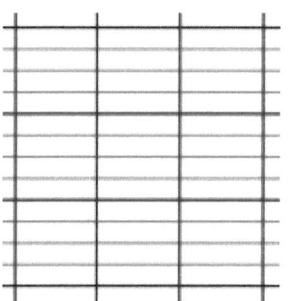

| 100 € − 74 € = | 100 € − 29 € = | 100 € − 55 € = |

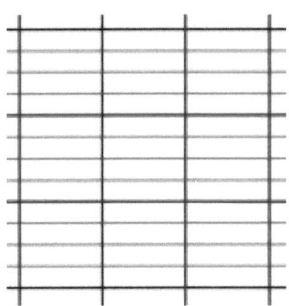 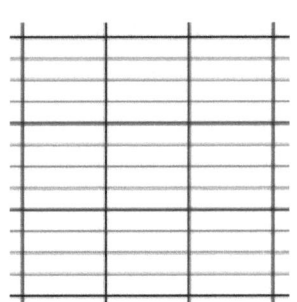 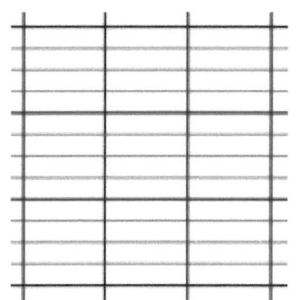

- 65 + … = 100
- 100 − … = 80
- 100 − … = 10

- 43 + … = 100
- 37 + … = 100
- 58 + … = 100

- … + 69 = 100
- … + 32 = 100
- 49 + … = 100

LES PIÈCES DE MONNAIE

① JE COMPLÈTE.

8 + … = 10	96 + … = 100	70 + … = 100
40 + … = 100	3 + … = 10	99 + … = 10
6 + … = 10	92 + … = 100	7 + … = 10

② JE NOMME CES PIÈCES DE MONNAIE.

1 centime

… centimes

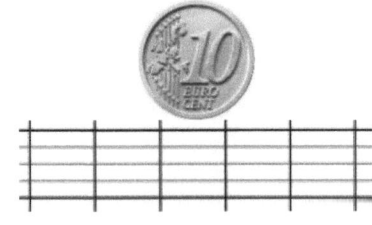

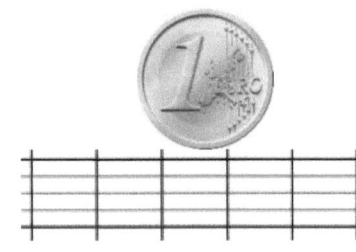

③ JE RANGE CES PIÈCES DE LA PLUS PETITE À LA PLUS GRANDE.

④ **JE COLLE LES PIÈCES MANQUANTES POUR FAIRE L'ÉCHANGE.**

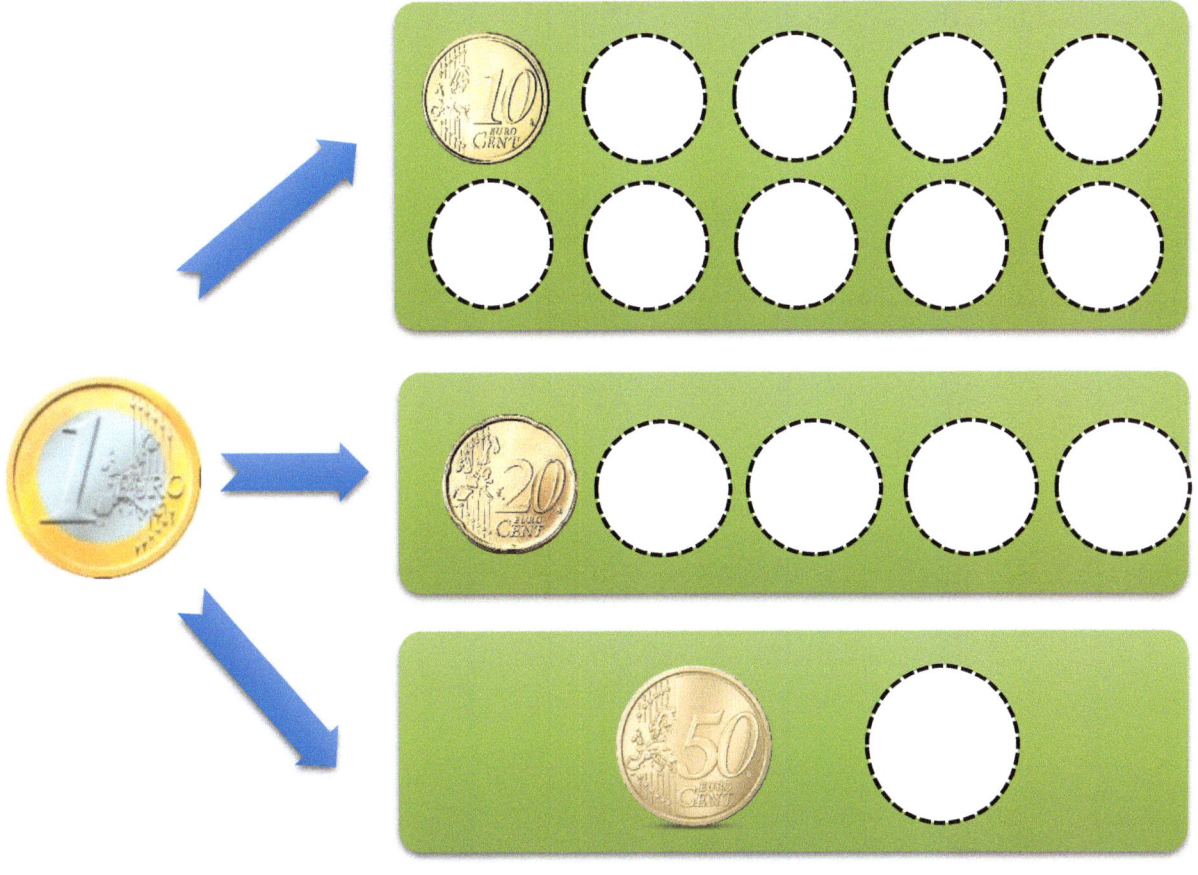

⑤ JE COLLE LES PIÈCES MANQUANTES POUR FAIRE L'ÉCHANGE.

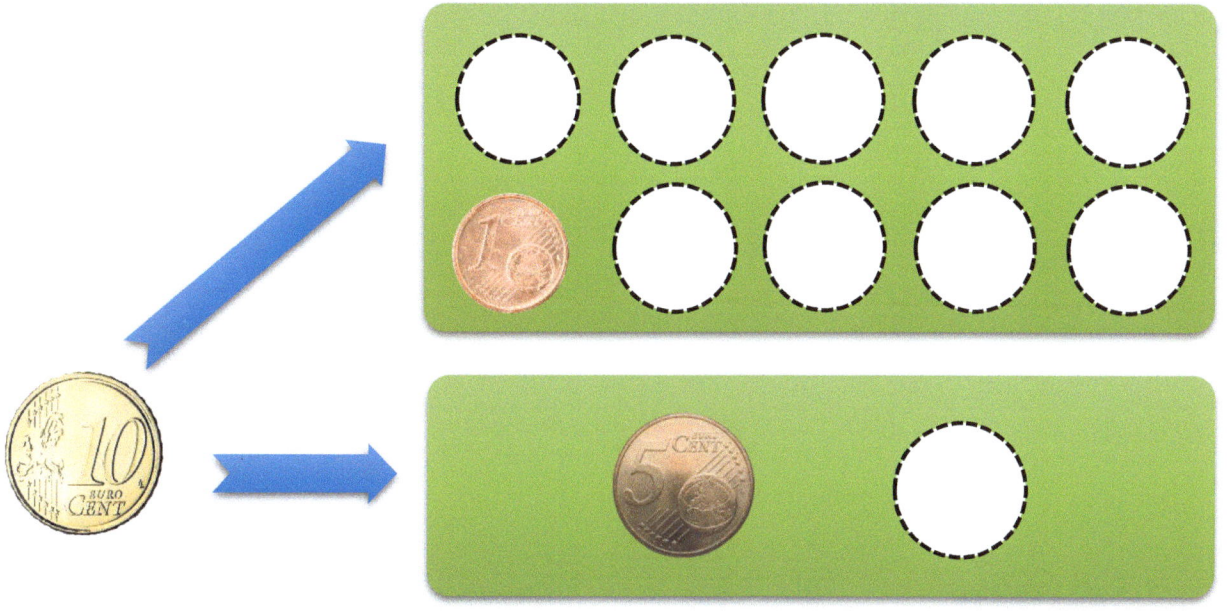

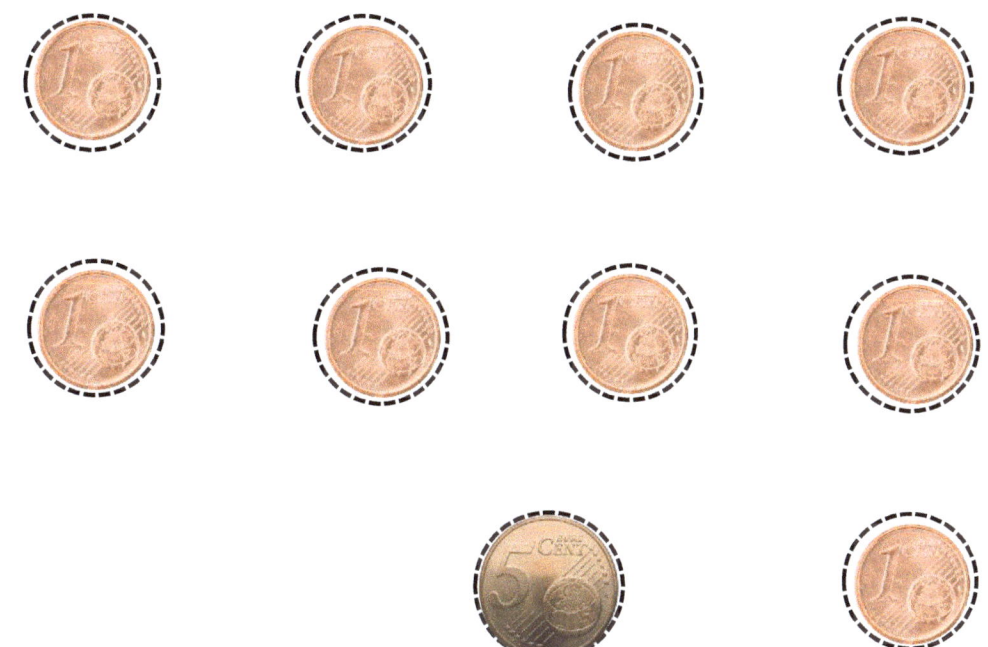

⑥ JE RÉSOUS LES PROBLÈMES SUIVANTS.

Exemple :
Je remplace **une pièce d'un euro** par des pièces de **10 centimes**.

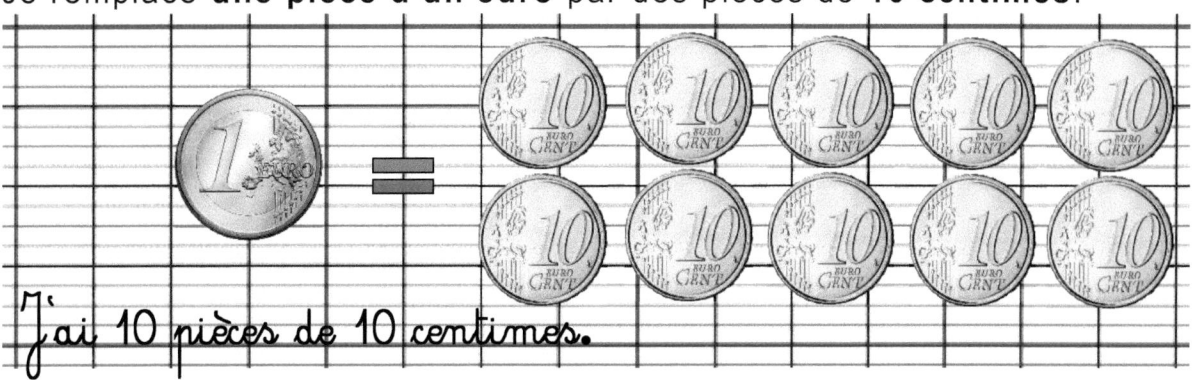

J'ai 10 pièces de 10 centimes.

(A). Je remplace **une pièce d'un euro** par des pièces de **5 centimes**.

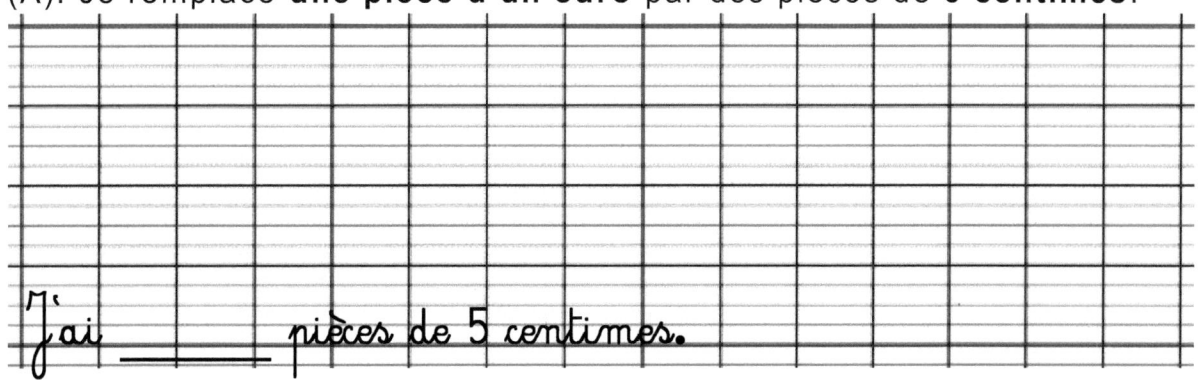

J'ai _____ pièces de 5 centimes.

(B). Je remplace **une pièce d'un euro** par des pièces de **20 centimes**.

J'ai _____ pièces de 20 centimes.

(C). Je remplace **une pièce d'un euro** par des pièces de **50 centimes**.

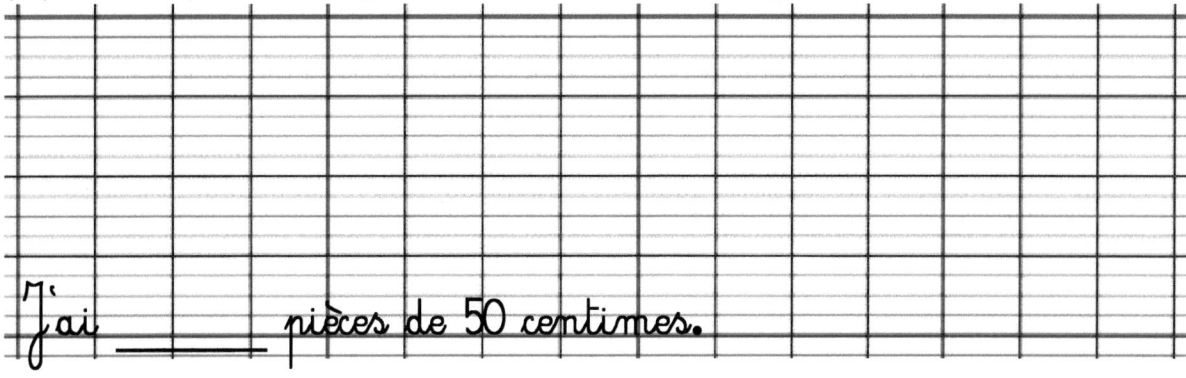

J'ai _____ pièces de 50 centimes.

(D). Je remplace **une pièce de 50 centimes** par des pièces de **5 centimes**.

J'ai _____ pièces de 5 centimes.

(E). J'échange **une pièce de 50 centimes** contre des pièces de **10 centimes**.

J'ai _____ pièces de 10 centimes.

⑥ JE RÉSOUS LES PROBLÈMES SUIVANTS.

Avec le plus petit nombre de pièces possible, je paie ces colis :

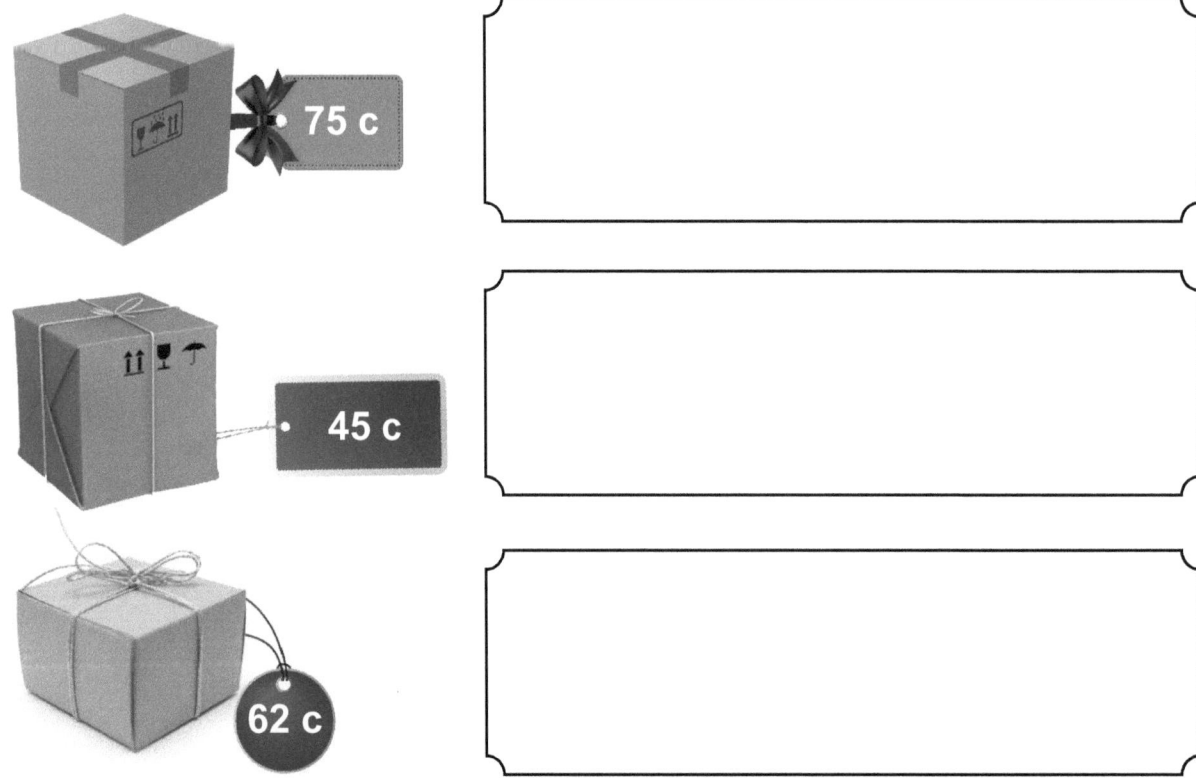

MULTIPLIER PAR 5

① JE RÉVISE LA TABLE DE MULTIPLICATION PAR 2. JE COMPLÈTE.

② J'OBSERVE.

1 pièce x 5 c = 5c

2 pièces x 5 c = 10 c

3 pièces x 5 c = 15 c

5 fois 1

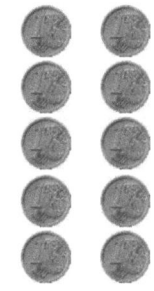

5 fois 2

5 fois 3

4 pièces x 5 c = 20 c

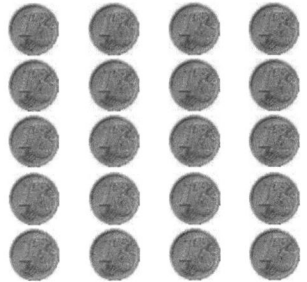

5 fois 4

5 pièces x 5 c = 25 c

5 fois 5

6 pièces x 5 c = 30 c

5 fois 6

7 pièces x 5 c = 35 c

5 fois 7

8 pièces x 5 c = 40 c

5 fois 8

9 pièces x 5 c = 45 c

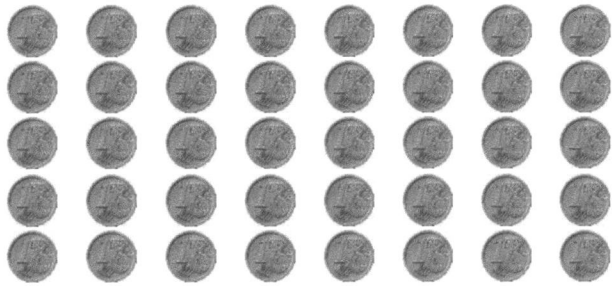

5 fois 9

③ J'APPRENDS À MULTIPLIER PAR 5.

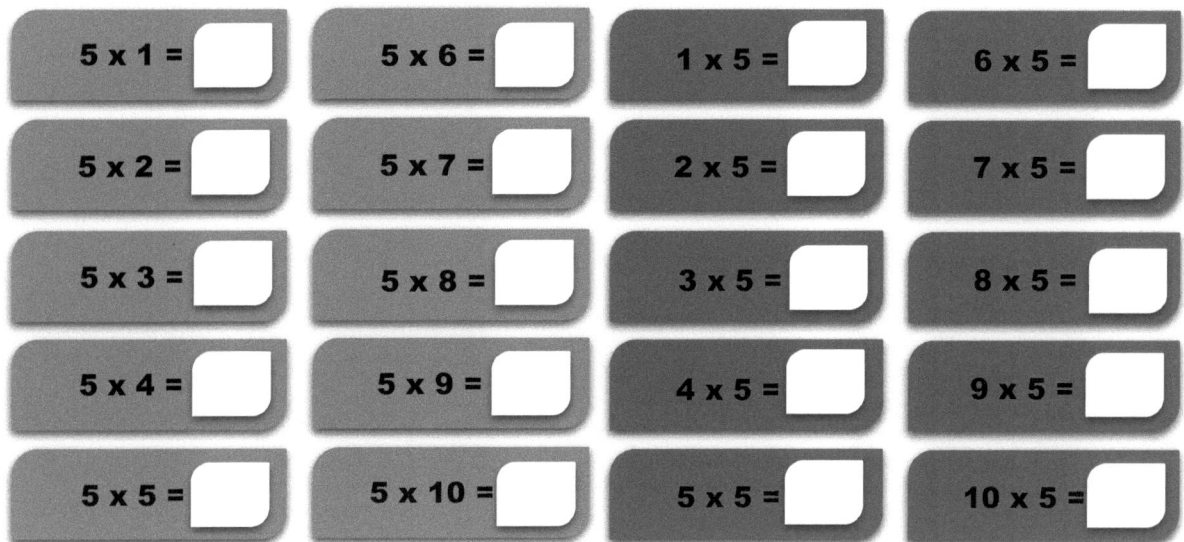

5 x 1 =	5 x 6 =	1 x 5 =	6 x 5 =
5 x 2 =	5 x 7 =	2 x 5 =	7 x 5 =
5 x 3 =	5 x 8 =	3 x 5 =	8 x 5 =
5 x 4 =	5 x 9 =	4 x 5 =	9 x 5 =
5 x 5 =	5 x 10 =	5 x 5 =	10 x 5 =

④ JE RÉSOUS CES PROBLÈMES.

(A). Pour un tournoi de basket-ball, **8 équipes** de **5 joueurs** sont engagées. Combien de joueurs prendront part à ce tournoi ?

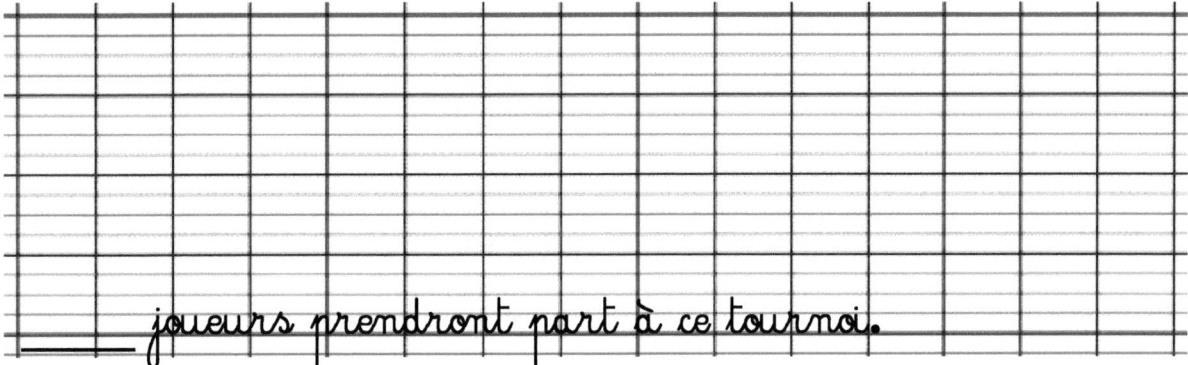

_____ joueurs prendront part à ce tournoi.

107

(B). On place dans une caisse **6 paquets** pesant chacun **5 kg**. <u>Quelle masse a-t-on chargée dans cette caisse ?</u>

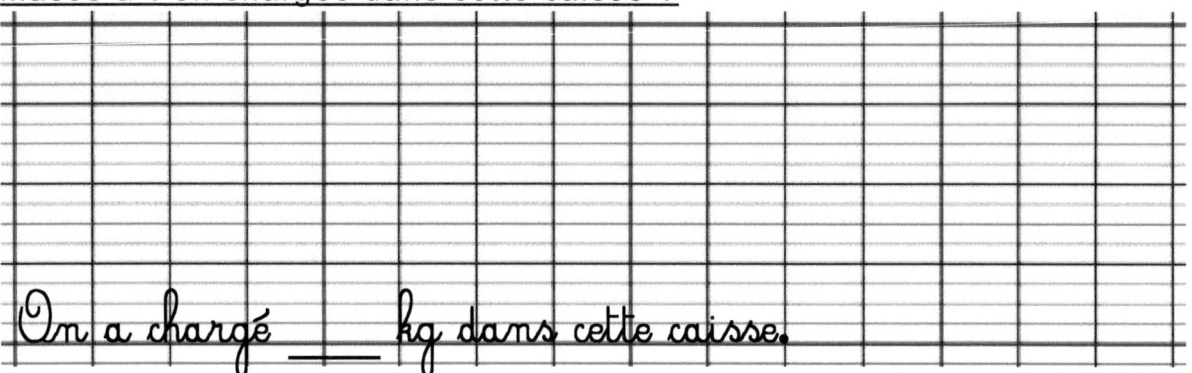

On a chargé ___ kg dans cette caisse.

(C). J'ai acheté **3 livres de poche** valant chacun **5 €**. <u>Quelle somme ai-je dépensé ?</u>

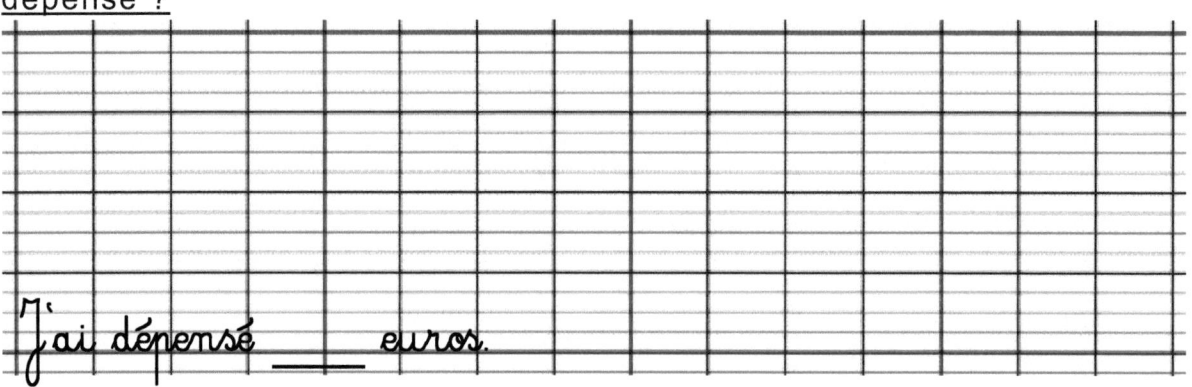

J'ai dépensé ___ euros.

(D). Dans une boîte de chocolat, on compte **5 rangées** de **9 chocolats** chacune. <u>Combien de chocolat y-a-t-il dans cette boîte ?</u>

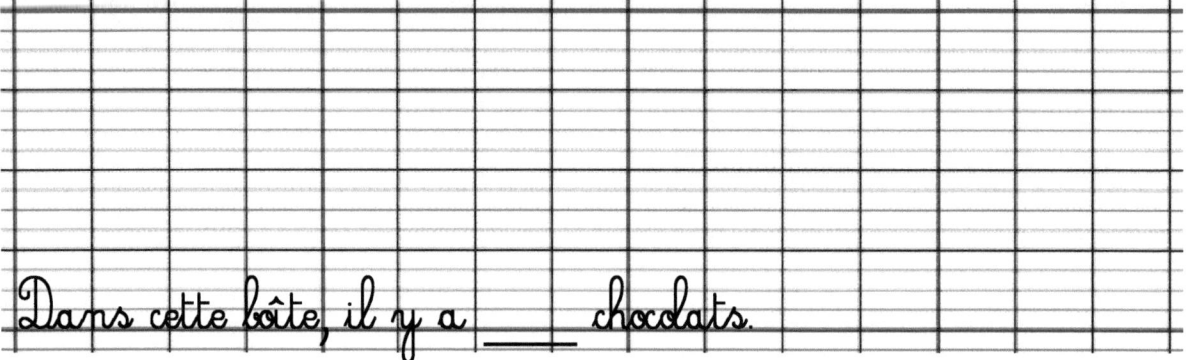

Dans cette boîte, il y a ___ chocolats.

RAPPEL :
5 + 5 + 5 + 5 + 5 + 5 + 5 + 5 + 5 = 45
9 X 5 = 45
5 X 9 = 45

DIVISER PAR 5

① JE REMPLACE LES ADDITIONS PAR DES MULTIPLICATIONS.

| 7 + 7 + 7 + 7 + 7 = | 7 x 5 = | 35 |

| 8 + 8 + 8 + 8 + 8 = | | |

| 3 + 3 + 3 + 3 + 3 = | | |

| 9 + 9 + 9 + 9 + 9 = | | |

| 6 + 6 + 6 + 6 + 6 = | | |

② JE REMPLACE LES MULTIPLICATIONS PAR DES ADDITIONS.

| 8 x 5 = | 8 + 8 + 8 + 8 + 8 = | 40 |

| 5 x 3 = | | |

| 6 x 5 = | | |

| 5 x 9 = | | |

| 2 x 5 = | | |

③ JE MULTIPLIE PAR 5.

11 m × 5

12 g × 5

16 € × 5

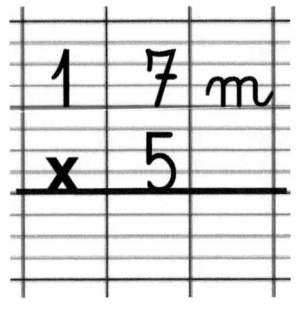 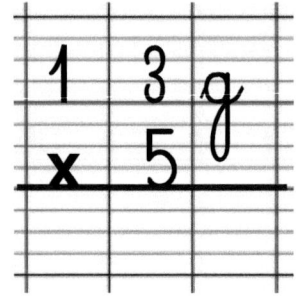

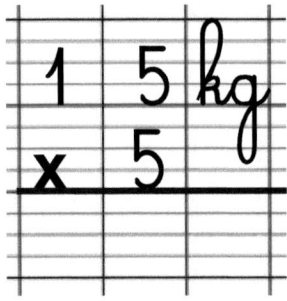 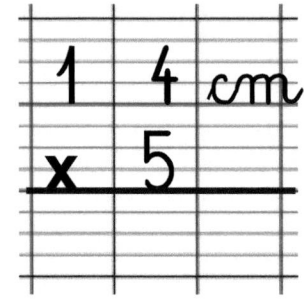

④ J'APPRENDS À PARTAGER PAR 5.

Je partage **15 casquettes** entre **5 enfants**.

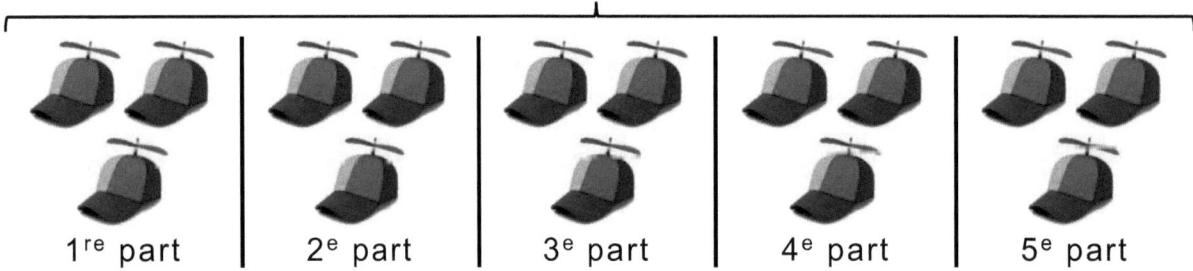

15 casquettes

1ʳᵉ part | 2ᵉ part | 3ᵉ part | 4ᵉ part | 5ᵉ part

Chaque enfant reçoit **3 casquettes**.

15 casquettes = 5 fois 3 casquettes. **On écrit :** $\begin{array}{r\|l}15 & 5\\ -15 & 3\\ \hline 0\ 0 &\end{array}$	15 casquettes ÷ 5 = 3 casquettes. **On dit :** 15 contient 3 fois 5. 3 fois 5 = 15 **15 ôtés de 15, il reste 0.**

Je partage **28 cahiers** entre **5 élèves**.

28 cahiers

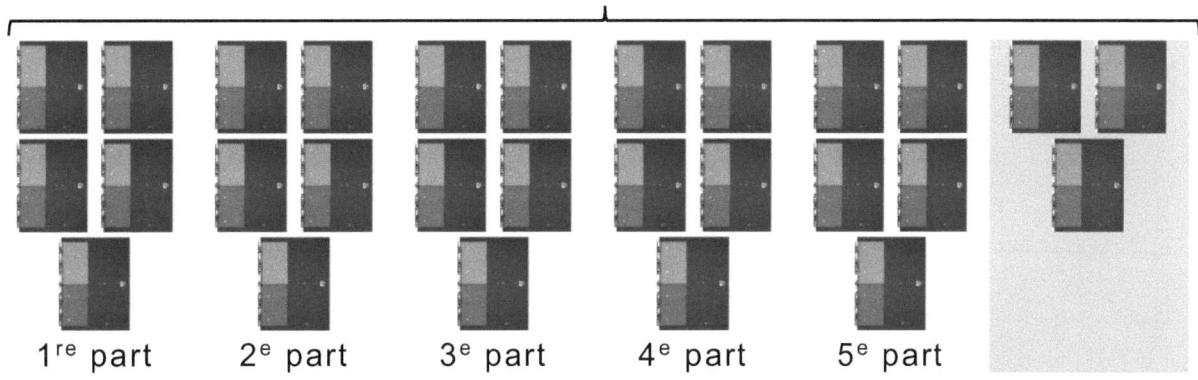

1re part   2e part   3e part   4e part   5e part

---

28 cahiers = 5 fois 5 cahiers

On écrit :

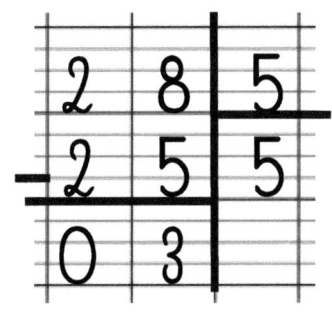

---

28 cahiers ÷ 5 = 5 cahiers

On dit :

28 contient 5 fois 5.

5 fois 5 = 25

25 ôtés de 28, il reste 3.

⑤ JE RÉSOUS CES ÉNIGMES.

$5 \times 1 = 5$
$5 \times 2 = 10$
$5 \times 3 = 15$
$5 \times 4 = 20$
$5 \times 5 = 25$
$5 \times 6 = 30$
$5 \times 7 = 35$
$5 \times 8 = 40$
$5 \times 9 = 45$
$5 \times 10 = 50$

a) Dans la table de multiplication par 5, quel est le nombre qui vient avant 17 ?

b) Dans la table de multiplication par 5, quel est le nombre qui vient avant 38 ?

c) Dans la table de multiplication par 5, quel est le nombre qui vient avant 44 ?

d) Dans la table de multiplication par 5, quel est le nombre qui vient avant 36 ?

e) Dans la table de multiplication par 5, quel est le nombre qui vient avant 29 ?

f) Dans la table de multiplication par 5, quel est le nombre qui vient avant 14 ?

g) Dans la table de multiplication par 5, quel est le nombre qui vient avant 9 ?

⑥ JE RÉSOUS CES PROBLÈMES.

(A). Madame Langlois a acheté **35 roses** qu'elle veut répartir équitablement entre **5 vases**. De combien de roses se composera chaque vase ?

Chaque vase se composera de ___ roses.

(B). Un set de vernis coûte **5 euros**. Mélissa a **15 euros**. Combien de sets de vernis peut-elle acheter ?

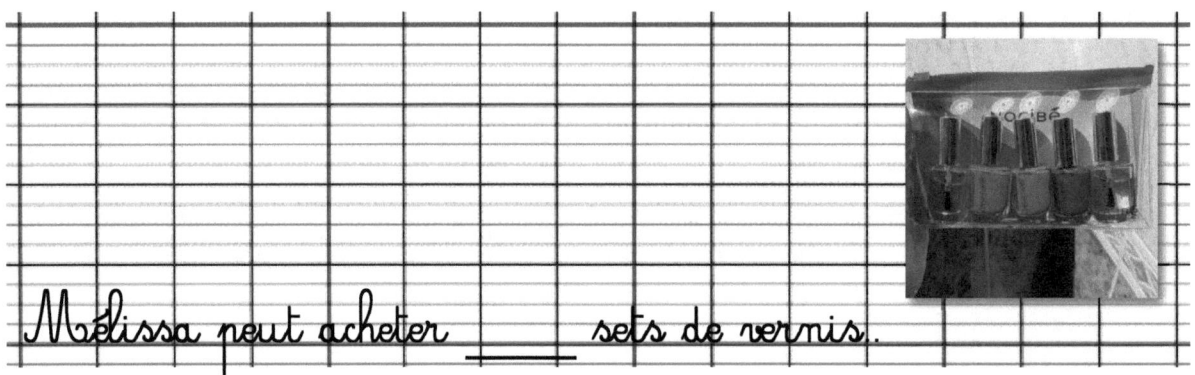

Mélissa peut acheter ___ sets de vernis.

(C). Mon cousin a acheté **5 bougies parfumées**. Il a payé **20 euros**. Combien coûte une bougie ?

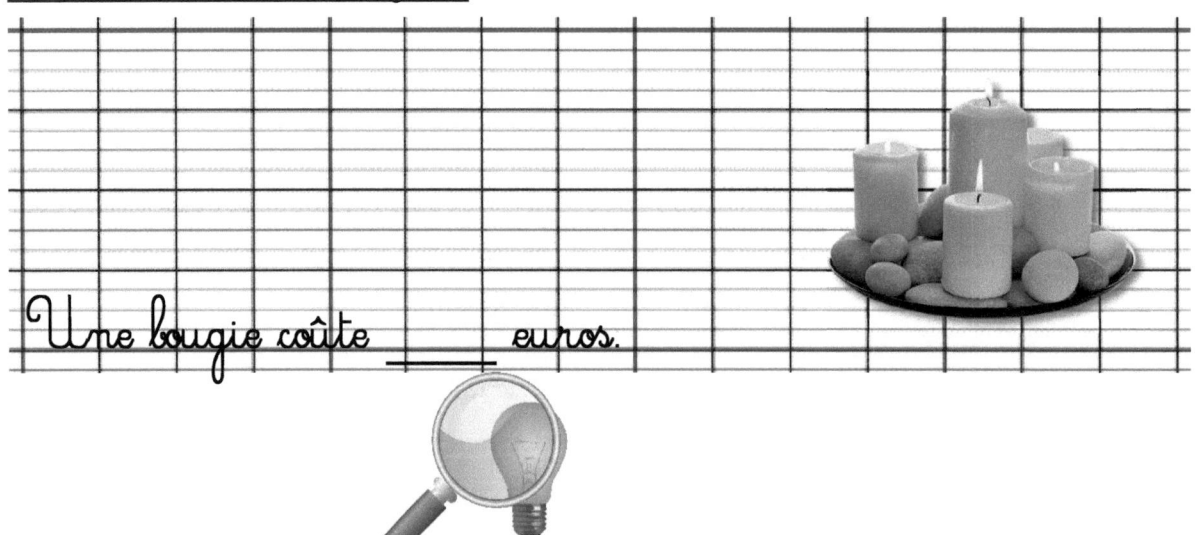

Une bougie coûte ___ euros.

⑦ DIVISION AVEC RESTE.

Je partage 27 crèmes hydratantes entre 5 filles. Comment ferai-je ?

Chaque fille aura _____ crèmes hydratantes.
Il restera _____ crèmes hydratantes.

⑧ J'EFFECTUE CES OPÉRATIONS.

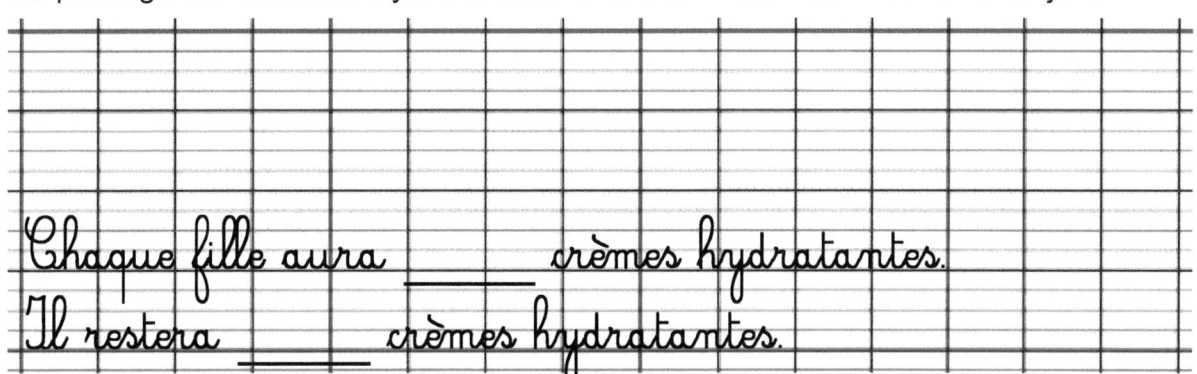

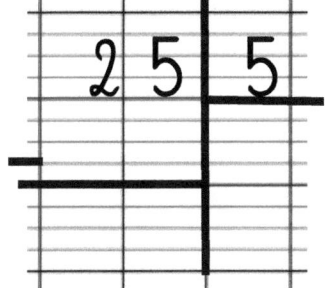   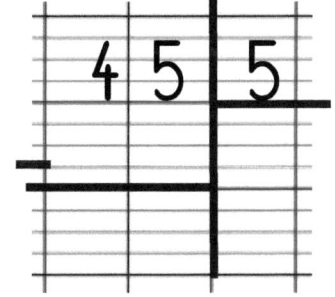   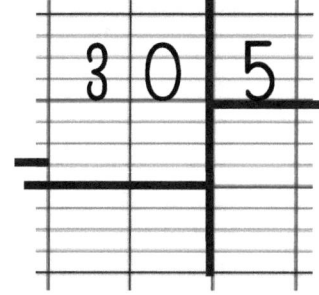

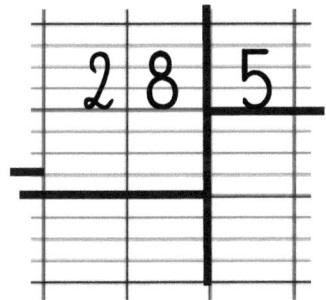   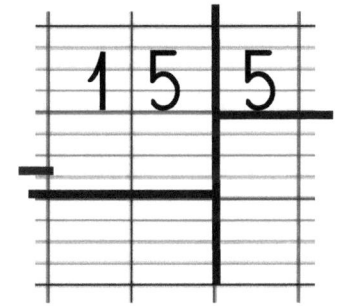   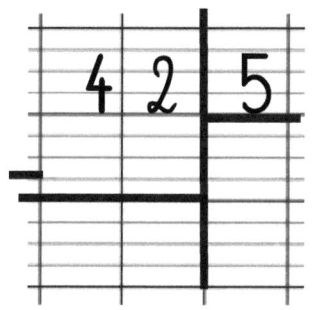

⑨ J'EFFECTUE CES OPÉRATIONS.

- 45 g ÷ 5
- 29 cm ÷ 4
- 12 € ÷ 2
- 21 km ÷ 3
- 42 cl ÷ 5
- 24 cm ÷ 4
- 36 g ÷ 4
- 18 € ÷ 2
- 19 km ÷ 3

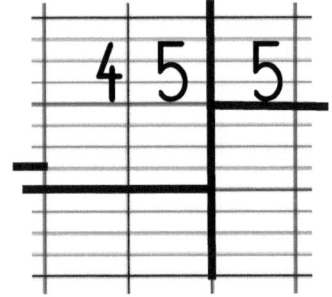
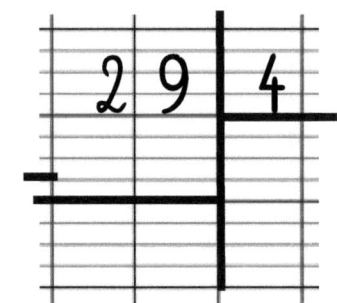
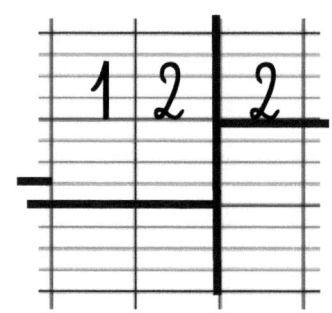
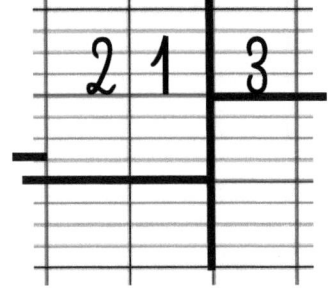
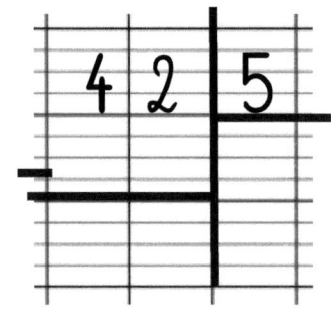
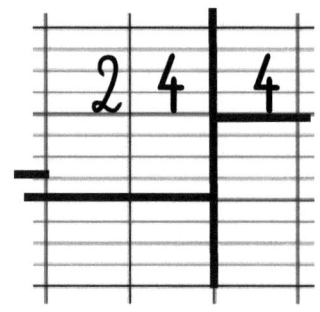
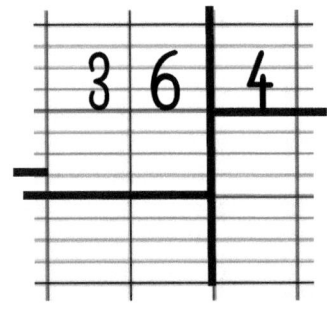
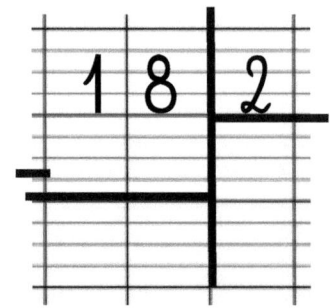
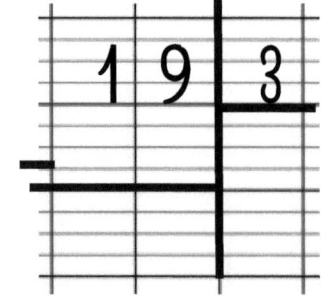

TABLE DE MATIÈRES

Leçon	Titre	Page
1.	LES NOMBRES DE 0 À 70	1
2.	LE CALENDRIER	4
3.	L'EURO ET LE BILLET DE 10 €	6
4.	L'HEURE	9
5.	SE REPÉRER DANS L'ESPACE	11
6.	L'ALIGNEMENT	12
7.	LES NOMBRES JUSQU'À 80	13
8.	LES NOMBRES JUSQU'À 90	15
9.	COMPARER ET RANGER DES LONGUEURS	17
10.	L'ADDITION DE DEUX NOMBRES (AVEC RETENUE)	18
11.	MÈTRE ET CENTIMÈTRE	22
12.	LES NOMBRES JUSQU'À 99 (1)	25
13.	LES NOMBRES JUSQU'À 99 (2)	42
14.	MULTIPLIER PAR 2 AVEC RETENUE	31
15.	LES NOMBRES JUSQU'À 99 (3)	36
16.	L'USAGE DE LA RÈGLE / LES LIGNES	39
17.	TRACER DES SEGMENTS	43
18.	TRACER DES SEGMENTS : DOUBLES x MOITIÉS	44
19.	LES NOMBRES JUSQU'À 99 (4)	45
20.	DIVISER PAR 2	47
21.	LA SOUSTRACTION AVEC RETENUE	51
22.	L'ADDITION ET LA SOUSTRACTION	53
23.	MULTIPLIER PAR 2	56
24.	LES QUATRE OPÉRATIONS	59
25.	LES NOMBRES DE 60 À 100 (RÉVISION)	61
26.	LE SENS DE LA DIVISION	65
27.	LA MULTIPLICATION ET LA DIVISION	70
28.	DIVISER PAR 2 : LE RESTE	73
29	L'ADDITION : NOMBRES < À 100	78
30.	LA SOUSTRACTION : NOMBRES < À 100	80
31.	LE BILLET DE 100 €	85
32.	LA CENTAINE : LE COMPLÉMENT À 100	93
33.	LES PIÉCES DE MONNAIE	98
34.	MULTIPLIER PAR 5	105
35.	DIVISER PAR 5	109